"集成电路设计与集成系统"丛书

集成电路导论

张永锋 王森 范洪亮 编著

Introduction of
Integrated Circuits

U0385260

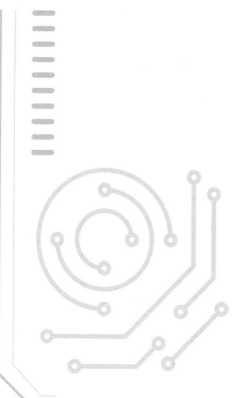

化学工业出版社

·北京·

内容简介

本书立足于集成电路专业人才的专业需求及就业需求，详细剖析了集成电路行业的发展过程及工艺要点，解读了不同专业方向的岗位设置情况及技能要求。

主要内容包括：集成电路发展史、集成电路制造工艺、集成电路设计方法、集成电路应用领域、集成电路学科专业设置、集成电路就业岗位、集成电路工程师专业素养。

本书可供集成电路、芯片、半导体及相关行业的工程技术人员及入门级读者使用，也可作为教材供高等院校相关专业师生学习参考。

图书在版编目（CIP）数据

集成电路导论/张永锋，王森，范洪亮编著. —北京：化学工业出版社，2024.3
（"集成电路设计与集成系统"丛书）
ISBN 978-7-122-44803-3

Ⅰ.①集… Ⅱ.①张…②王…③范… Ⅲ.①集成电路
Ⅳ.①TN4

中国国家版本馆CIP数据核字（2024）第048673号

责任编辑：贾　娜　韩亚南　　　　装帧设计：史利平
责任校对：刘　一

出版发行：化学工业出版社
　　　　　（北京市东城区青年湖南街13号　邮政编码100011）
印　　装：北京新华印刷有限公司
787mm×1092mm　1/16　印张13　字数314千字
2024年5月北京第1版第1次印刷

购书咨询：010-64518888　　　　售后服务：010-64518899
网　　址：http://www.cip.com.cn
凡购买本书，如有缺损质量问题，本社销售中心负责调换。

定　　价：89.00元　　　　　　　　版权所有　违者必究

前言

集成电路产业是信息技术产业的核心，是支撑经济社会发展和保障国家安全的战略性、基础性和先导性产业。从世界上第一个晶体管被发明到现在，集成电路产业从无到有，经历了波澜壮阔的发展历程。可以预见，在今后很长一段时间内，集成电路产业仍将是国民经济中不可或缺、极端重要且大有可为的产业。

2021年1月，国务院学位委员会做出设立"集成电路科学与工程"一级学科的决定，就是要构建支撑集成电路产业高速发展的创新人才培养体系，从数量上和质量上培养出满足产业发展急需的创新型人才，为从根本上解决制约我国集成电路产业发展的"卡脖子"问题提供强有力的人才支撑。当前市面上的专业导论类书籍较多，集成电路专业也需要导论书籍来帮助学生认识专业，引导学生树立学习目标，做好专业知识学习的同时实现人生成长。同时，市场上有一些非集成电路类专业的工程师想要转岗到集成电路行业，也需要一本入门级的参考书，从而对整个集成电路行业有一个更加全面的认识。

本书分为7章，涵盖集成电路历史与现状、工艺与设计方法、应用领域与就业岗位、学科与专业、工程师专业素养等内容，可作为大学一年级新生的专业导论教材，亦可作为行业从业人员的入门级参考书。第1章集成电路发展史，重点介绍半导体集成电路发展历史及产业现状，从中既可以读到有趣的历史人物和事件，也可体会到产业发展的历史规律，更可以了解当今中国半导体集成电路产业的现状，使读者对整个集成电路产业有一个整体上的把握。第2章集成电路制造工艺，重点介绍主流集成电路制造工艺的基本原理及提供代工服务的半导体制造公司的工艺现状。第3章集成电路设计方法，重点讲解不同抽象层次的设计概念和设计方法，对读者今后学习及设计工作有很好的指导作用。第4章集成电路应用领域，重点讲解集成电路典型应用领域的现状、发展趋势和代表性企业等。第5章集成电路学科专业设置，讲解集成电路相关学科专业特点，重点介绍集成电路设计与集成系统等7个专业的培养目标、代表性课程和就业方向等。第6章集成电路就业岗位，重点介绍设计、制造、封装与测试行业的岗位需求情况。第7章集成电路工程师专业素养，重点介绍与集成电路相关的专利体系、文献与文献检索、职业道德等。

本书由张永锋、王森、范洪亮编著。特别感谢青岛天仁微纳科技有限责任公司提供了行业前沿发展情况和应用实例。

虽然本书基于作者多年教学及工作实践而成，内容和文字也做过多次修改和完善，但受限于作者的认知水平，难免有疏漏之处，希望读者多提宝贵意见！意见和建议请发至邮箱zhangyongfeng@neusoft.edu.cn。

编著者

目录

本 书 内 容

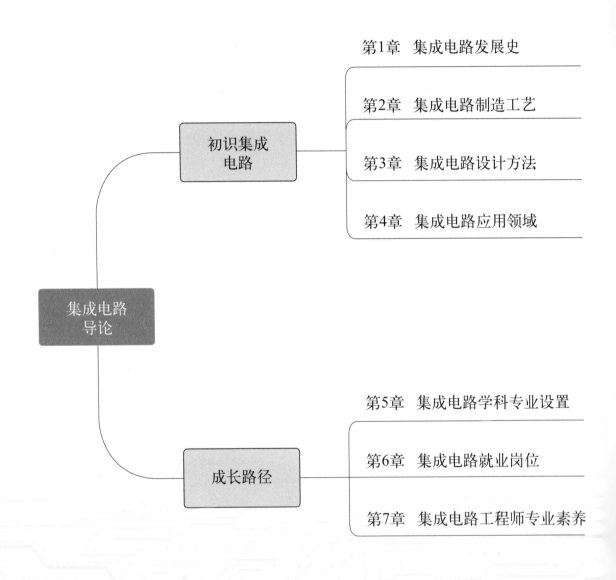

初识集成电路

- 第1章　集成电路发展史
- 第2章　集成电路制造工艺
- 第3章　集成电路设计方法
- 第4章　集成电路应用领域

集成电路导论

成长路径

- 第5章　集成电路学科专业设置
- 第6章　集成电路就业岗位
- 第7章　集成电路工程师专业素养

第 1 章

集成电路发展史

▶▶ 思维导图

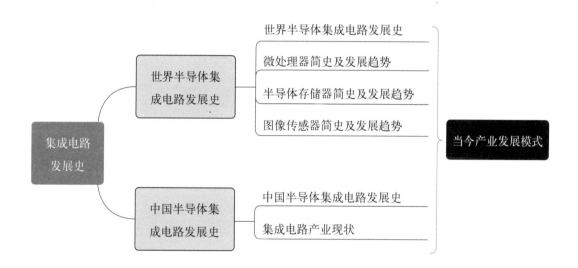

本章重点介绍了半导体集成电路发展历史及产业现状，从中既可以读到有趣的历史人物和事件，也可以体会到产业发展的历史规律，更可以了解当今中国半导体集成电路产业的现状，可以对整个集成电路产业有一个整体上的把握。本章从历史和发展趋势的角度对微处理器、半导体存储器和图像传感器做了介绍，以点带面帮助读者对集成电路的发展历史和现状有更加清晰的认识。

1.1 世界半导体集成电路发展史

从世界上第一个晶体管被发明到现在，集成电路产业从无到有，经历了波澜壮阔的发展历程。在后摩尔时代，半导体集成电路产业将如何演进和发展，我们也可以从历史和现实中找到一些蛛丝马迹。

1.1.1 真空管

1882年，弗莱明曾担任爱迪生电光公司技术顾问。1883年，为了寻找电灯泡的最佳灯丝材料，爱迪生做了一个实验。他在真空灯泡内的碳丝附近放置了一块金属铜薄片，希望它能阻止碳丝的蒸发。实验结果使爱迪生大失所望。但在实验过程中，爱迪生无意中发现了一个奇特的现象：当电流通过碳丝时，没有连接在电路里的金属薄片中也有电流通过。后来，人们将这一发现命名为"爱迪生效应"。

弗莱明对这一现象非常感兴趣，回国后，他对此进行了一些研究认为：在灯丝和板极之间的空间是电的单行路。他坚信，一定可以为爱迪生效应找到实际用途。

1896年，马可尼无线电报公司成立，弗莱明被聘为顾问。在研究改进无线电报接收机中的检波器时，他就设想采用爱迪生效应进行检波。弗莱明在真空玻璃管内封装入两个金属片（分别为阳极和阴极），加上高频交变电压后，出现了爱迪生效应，交流电通过这个装置时变成了直流电。弗莱明把这种装有两个电极的管子叫作真空二极管，它具有整流和检波两种作用，这是人类历史上第一只电子器件。弗莱明将此项发明用于无线电检波，并于1904年11月16日在英国取得专利。

1906年，德·福雷斯特在重复弗莱明的实验时，突然灵机一动，他把一根导线弯成"Z"形，然后小心翼翼地把它安装到灯丝与金属屏极之间的位置，形成电子管的第三个极。德·福雷斯特极其惊讶地发现，"Z"形导线装入真空管内之后，只要把一个变化微小的电压加到其上，就能在金属屏极上接收到一个与输入信号变化规律完全相同，但强度大大增强的电流。德·福雷斯特马上意识到，这表明第三个电极对屏极电流有控制作用。这个发现非同寻常，因为只要屏极电流的变化比信号的变化大，就意味着信号被放大了，而这正是许多发明家梦寐以求的目标。真空三极管就这样诞生了，使人类第一次实现了电信号的放大，为无线电话通信奠定了基础。它的诞生，是人类通向信息时代之路上划时代的大事。

——上述内容为"科普中国-科技创新里程碑"原创，笔者对个别文字进行了修订。

图1-1中，（a）为某真空三极管实物图，（b）为工作原理示意图。由最内层到最外层分别为：灯丝、阴极、栅极、阳极。点亮灯丝，其温度逐渐升高，并以热辐射的方式加热阴极，等到阴极金属板温度达到电子游离的温度时，电子就会从金属板飞奔而出。此时电子是带负电的，在阳极加上正电压，电子就会受到吸引穿过栅极朝阳极金属板飞过去，形成电子流。栅极犹如一个开关，当栅极不带电时，电子流会稳定地穿过栅极到达阳极，当在栅极上加上正电压，对于电子是吸引作用，可以增强电子流动的速度；反之，在栅极上加上负电压，同性相斥的原理会使电子必须绕道才能到达阳极，若栅极的结构庞大，则电

子流有可能全数被阻隔，故利用栅极可以轻易控制电子流的流量。将输入的电压小信号连接在栅极上，并且加入适当的偏压，即可将输入的电压小信号转变成放大的电流信号。

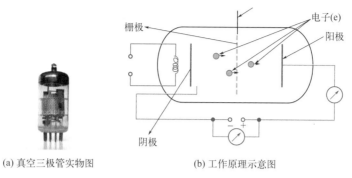

(a) 真空三极管实物图   (b) 工作原理示意图

图1-1　真空三极管

在20世纪中期前，基本上当时所有的电子电路都使用真空管。真空管的巅峰之作是1946年由美国宾夕法尼亚大学设计和建造的世界上第一台通用电子计算机——电子数字积分计算机（Electronic Numerical Integrator and Computer，ENIAC），其使用了约17468个真空电子管、7200个晶体二极管、1500个继电器、10000个电容器，还有大约五百万个手工焊接头。它的重量达27t，体积大约是2.4m×6m×30.48m，占地167m²，功率150kW，如图1-2所示。

图1-2　第一台通用电子计算机ENIAC

随着半导体技术的发展普及和平民化之后，真空管因成本高、不耐用、体积大、效能低等原因，逐渐被半导体取代。但因其特殊的音质，仍可以在部分音响功率放大器中看见真空管的身影。对于大功率放大（如百万瓦电台）及卫星（微波大功率）而言，大功率真空管及行波管仍是目前唯一的选择。对于高频电焊机及X射线机，真空管仍是主流器件。图1-3中，（a）为俄罗斯TUBEDEPOT公司生产的用于音频功率放大的功率真空管6C33C-B，（b）为中国长沙曙光电子集团生产的高端曙光电子管天籁之音211-T。

(a) Sovtek 6C33C-B功率真空管

(b) 曙光电子管天籁之音211-T

图1-3　真空管

1.1.2　晶体管

■　（1）双极结型晶体管

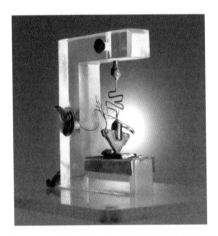

图1-4　世界上第一个点接触半导体三极管

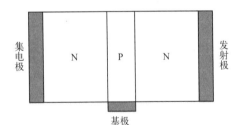

图1-5　"三明治"结构晶体管示意图

图1-6　巴丁、肖克利和布拉顿（从左到右）

1947年，贝尔实验室的巴丁和布拉顿发明了世界上第一个点接触半导体三极管，如图1-4所示。他们在一个塑料支架上放置一个铜块，上面又安装了一大块半导体锗，在锗块上面又放置了一个塑料三角形，在三角形的两个斜边各粘贴了一层金箔，三角形顶端位置左右两层金箔是分离的。上面有一个金属弹簧，向下将三角形压在半导体锗块上，其顶端与锗表面形成一个点接触，这就形成了一个点接触三极管。他们在三极管的左边接入一个麦克风，在右边回路接入一个音箱。他们对着麦克风说话，可以观察到音箱中出现被放大了的声音。这就是世界上第一个晶体管设计模型。

肖克利认为，点接触晶体管将被证明是脆弱且难以制造的，因此计划以面接触代替点接触制造另一种晶体管。1948年，他发明了一种全新的、坚固得多的晶体管——"三明治"结构晶体管，其示意图如图1-5所示。如果说巴丁和布拉顿的点接触晶体管打开了晶体管世界大门的一道缝隙，那么肖克利的"三明治"结构晶体管则彻底打开了这扇门，因为这种稳定结构的晶体管才适合大规模制造。因对半导体的研究和发现了晶体管效应，肖克利与巴丁和布拉顿分享了1956年度的诺贝尔物理学奖。图1-6为1948年在贝尔实验室工作的巴丁、肖克利和布拉顿。

为了改进晶体管技术，人们开发了很多不同的晶体管制造方法。1954年，随着扩散基极晶体管的出现，晶体管制造技术取得了重大突破。这项技术允许在制造过程中通过控制杂质扩散到锗或硅晶体中，创造一个非常薄的基极。由此产生的"扩散基极"晶体管的频率比当时的其他类型晶体管高得多。扩散技术的使用是半导体科学的一个重大突破，并作为一种主要的制造工艺延续至今。

德州仪器公司于1954年制造了第一个生长结硅晶体管。1955年，贝尔实验室开发了扩散硅梅萨晶体管，1958年由仙童半导体公司投入商业应用。这些晶体管是同时具有扩散基极和扩散发射极的晶体管。

平面晶体管是由霍尔尼博士于1959年在仙童半导体公司开发的。用于制造这些晶体管的平面工艺，使大规模生产单片集成电路成为可能。平面晶体管有一个二氧化硅钝化层，以保护结点边缘不受污染，使廉价的塑料封装成为可能，而不会有晶体管特性随时间而退化的风险。

现代的双极结型晶体管（Bipolar Junction Transistor，BJT）由三个不同的掺杂半导体区域组成，它们分别是发射极（E）、基极（B）和集电极（C），有NPN和PNP两种类型。图1-7为NPN型三极管的截面简图。根据晶体管三个终端的偏置状态，可以定义四个不同的工作区：放大区、截止区、饱和区和击穿区。例如：当NPN型晶体管基极电压高于发射极电压，并且集电极电压高于基极电压，则晶体管处于正向放大状态。在这一状态中，输入到基极的微小电流将被放大，产生较大的集电极 - 发射极电流，此时晶体管工作于放大区。

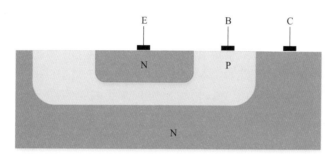

图1-7　NPN型三极管截面简图

早期的双极结型晶体管是由锗制造的。20世纪50年代和60年代，锗晶体管的使用多于硅晶体管。硅晶体管截止电压通常为0.5～1V，锗晶体管的截止电压更小，通常约0.2V，这使得锗晶体管适用于某些应用场合，例如高灵敏度的设备。锗晶体管的一个主要缺点是容易产生热失控。如果要稳定工作，则对其工作温度的要求相对硅半导体更严格，因此大多数现代的双极结型晶体管是由硅制造的。采用硅的另外一个原因是容易形成稳定的二氧化硅绝缘层，且与其他金属之间的黏性也大，容易制作电子器件。尽管现代大多数计算机系统使用的已经是场效应晶体管集成电路，但双极结型晶体管仍然广泛地用于信号的放大、高压或大电流开关等场合。

■ （2）金属氧化物半导体场效应晶体管

场效应晶体管（Field-Effect Transistor，FET）的基本原理是由奥地利物理学家Julius Edgar Lilienfeld在1926年首次提出的，当时他申请了第一个绝缘栅场效应晶体管的专利。在接下来的两年里，他描述了各种FET结构。在他的配置中，铝、氧化铝和硫化铜分别被用作金属、绝缘层和半导体。后来，德国工程师Oskar Heil在20世纪30年代、美国物理学家William Shockley在20世纪40年代也提出了场效应晶体管的概念，但当时并没有制造出实用的场效应晶体管。

在半导体工业的早期，半导体公司最初专注于双极结型晶体管。然而，当时的结型晶体管是一个相对笨重的器件，难以大规模生产。FET被认为是结型晶体管的潜在替代品，但研究人员无法制造出实用的FET，这主要是由于半导体表面的复杂状态阻碍了外部电场进入材料内部。

1955年，Carl Frosch和Lincoln Derrick意外地在一个硅片的表面覆盖了一层二氧化硅。他们随后对这个氧化层的实验特征进行分析，发现二氧化硅能够阻止特定的掺杂物进入硅片，从而发现了表面氧化层对这种半导体的钝化作用。他们的进一步工作证明了在氧化层上蚀刻小的开口，可以实现将掺杂物扩散到硅片的精确控制区域。1957年，他们发表了一篇研究论文，并为其技术申请了专利，总结了他们的工作。

贝尔实验室的Mohamed M. Atalla在20世纪50年代末致力于处理表面状态的问题。他继承了Frosch关于氧化的工作，通过在硅表面形成氧化层来实现硅的钝化。他认为，在干净的硅片上生长出非常薄的高质量热生长二氧化硅，就能中和表面状态，足以制造出实用的场效应晶体管。1959年11月，Mohamed M. Atalla和Dawon Kahng成功地制造了第一个工作的金属氧化物半导体场效应晶体管（Metal–Oxide–Semiconductor Field-Effect Transistor，MOSFET，也被称为MOS）。然后在1960年展示了PMOS（P型MOS）和NMOS（N型MOS）的制造工艺。

MOSFET为四端器件，包括源极（S）、漏极（D）、栅极（G）和衬底（B）。当一个足够大的电压施于MOSFET的栅极与源极之间时，电场会在栅极下方的半导体表面形成感应电荷，从而形成导电沟道。沟道的极性与其漏极和源极相同。沟道形成后，MOSFET即可允许电流通过漏极和源极，电流大小也会受栅极和源极之间电压大小的控制而改变。有源区（包括漏极和源极）为N型，则为N型MOSFET，否则为P型MOSFET，如图1-8所示。此外，衬底可根据设计需要接不同电位。根据MOSFET终端的偏置状态，可以定义四个不同的工作区：截止区、线性区、饱和区和击穿区。

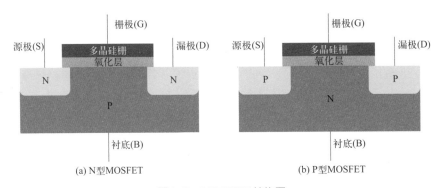

(a) N型MOSFET　　　　　　　　　　　　(b) P型MOSFET

图1-8　MOSFET结构图

随着人们对于低功耗的不断追求，MOSFET凭借更低的功耗，在数字集成电路中逐渐成为主流，双极结型晶体管在集成电路中的使用由此逐渐变少。但是应当看到，即使在现代的集成电路中，双极结型晶体管依然是一种重要的器件，市场上仍有大量种类齐全、价格低廉的晶体管产品可供选择。

1.1.3　第一块集成电路

晶体管的发明弥补了电子管的不足，但工程师们很快又遇到了新的麻烦。为了制作和使用电子电路，工程师不得不亲自手工组装和连接各种分立元件，如晶体管、电阻、电容等。于是，德州仪器的杰克·基尔比提出了集成电路的设计方案。

当时的德州仪器已有了几种锗器件，并能把金属蒸发在锗管的发射极和基极上，再用蚀刻技术做成接触点，然后连接起来。基尔比得到了几张这样的锗晶片，他决定用它们做两个电路。他先在锗晶片上制造出三极管，然后在纯锗晶体中少量掺杂做成电阻，最后用反向二极管做出电容，再用金线将它们连成一个移相振荡器。基尔比一共做了三个这样的电路。1958年9月12日，基尔比演示了他的实验。基尔比将10V电压接在了输入端，再将一个示波器连在了输出端，接通的一刹那，示波器上出现了频率为1.2MHz，振幅为0.2V的振荡波形。现代电子工业第一个用单一材料制成的集成电路诞生了，如图1-9（a）所示。一周后，基尔比用同样的方法成功地做出了一个触发电路。基尔比的电路和后来在硅晶片上实现的集成电路相比，样子非常难看，但它告诉人们，将各种电子器件集成在一个晶片上是可行的。1966年，基尔比研制出世界上第一台袖珍计算器，如图1-9（b）所示。

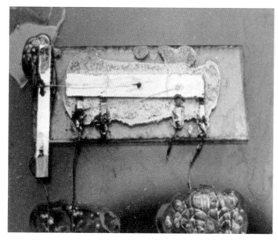

(a) 历史上第一块集成电路　　　　　　　　　(b) 第一台袖珍计算器

图1-9　基尔比及其作品

1955年，"晶体管之父"肖克利离开贝尔实验室，创建肖克利半导体实验室，他吸引了很多富有才华的年轻科学家加盟。但很快，肖克利的管理方法和怪异行为引起员工的不满，其中八人决定一同辞职，于1957年创办仙童半导体（Fairchild Semiconductor）公司。1959年1月，仙童半导体公司的诺伊斯利用一层氧化膜作为半导体的绝缘层，制作出铝条连线，使元件和导线合成一体。1960年，诺伊斯所在的仙童半导体公司制造出第一块可以实际使用的单片集成电路。诺伊斯的方案最终成为集成电路大规模生产中的实用技术。基尔比和诺伊斯都被授予"美国国家科学奖章"。他们被公认为集成电路的共同发明者。图1-10为诺伊斯和他发明的集成电路版图。

1961年，拉斯特、赫尔尼和罗伯茨三人离开仙童半导体公司，创办阿梅尔克（Amelco）公司，后成为泰瑞达的子公司，主要从事集成电路自动测试设备的研发与制造。

1967年，史波克和罗蒙德离开仙童半导体公司，并带走了部分员工，去了濒临倒闭的美国国家半导体（National Semiconductor），使其重新崛起并成功转型，成为一家专注于高性能模拟集成电路的公司。

图1-10　诺伊斯和他发明的集成电路版图

1968年，摩尔和诺伊斯离开仙童半导体公司，一起创立了英特尔公司。摩尔提出了著名的摩尔定律：集成电路上可以容纳的晶体管数目大约每经过18～24个月便会增加一倍。换言之，处理器的性能大约每两年翻一倍，同时价格下降为之前的一半。截至目前，摩尔定律仍然运行良好。英特尔公司是目前世界上第一大半导体公司，在x86架构中央处理器、存储器和芯片组等领域拥有非常强的实力。

1969年，仙童半导体公司全球营销总监桑德斯创立了超微半导体公司（AMD），专注于中央处理器和图形处理器设计。

据不完全统计，仙童半导体公司员工出走后，创办或有渊源关系的公司大约近200家。这些公司的员工人数近百万人，市值也达到了几十万亿美元。正如乔布斯所言："仙童半导体公司就像一枝成熟的蒲公英，一吹它，这种创业精神的种子就随风四处飘扬了。"

1.1.4　半导体产业的快速发展

■ （1）CMOS

Chih-Tang Sah和Frank Wanlass于1963年在仙童半导体公司将PMOS和NMOS制造工艺结合并改造为互补金属氧化物半导体（Complementary Metal Oxide Semiconductor，CMOS）工艺。图1-11为一种CMOS工艺中NMOS管和PMOS管的截面图，其在P型衬底上制作了NMOS管，在N阱中制作PMOS管，再通过上方的金属布线实现管子之间的连接，从而构成集成电路。

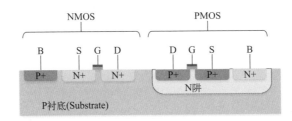

图1-11　一种CMOS工艺中NMOS管和PMOS管的截面图

20世纪80年代，由于拥有更低的功耗，CMOS最终超过了NMOS，成为超大规模集成（VLSI）电路的主导制造工艺，同时也取代了早期的晶体管-晶体管逻辑（TTL）技术。此后，CMOS一直是VLSI芯片中MOSFET半导体器件的标准制造工艺。

CMOS技术可用于制造包括微处理器、微控制器、存储芯片和其他数字逻辑电路，还可用于模拟电路，如CMOS图像传感器、数模或模数转换器、射频CMOS电路和许多不同类型通信的集成收发器等。据不完全统计，90%以上的集成电路芯片，包括大多数数字、模拟和混合信号集成电路，都是采用CMOS技术制造的。

■ （2）BiCMOS

双极结型晶体管具有高速、高增益和低输出阻抗的特点，这些都是高频模拟放大器的优良特性，而CMOS技术具有高输入阻抗的特点，是构建简单、低功耗逻辑门的绝佳选择。双极互补金属氧化物半导体（Bipolar CMOS，BiCMOS）将以前这两种独立的半导体技术，即双极结型晶体管和CMOS集成到一个单一的集成电路中，如图1-12所示。

1968年，Hung-Chang Lin和Ramachandra R. Iyer在西屋电气公司演示了一个集成的双

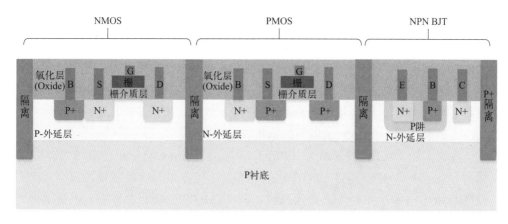

图1-12　BiCMOS技术

极-MOS（BiMOS）音频放大器，结合了双极结型晶体管和金属氧化物半导体技术。1984年，由H.Higuchi, Goro Kitsukawa和Takahide Ikeda领导的日立研究小组展示了BiCMOS大规模集成（Large Scale Integration, LSI）。这种技术在放大器和模拟电源管理电路中得到了应用，并在数字逻辑中具有一些优势。BiCMOS电路恰当地利用了每种类型晶体管的特性。一般来说，这意味着大电流电路使用MOSFET进行控制，而部分专门的非常高性能的电路则使用双极型器件。这方面的例子包括射频（RF）振荡器、带隙基准电路和低噪声电路等。

■　（3）BCD

Bipolar-CMOS-DMOS（BCD）将BiCMOS与DMOS（双扩散MOS，一种功率MOS技术）结合起来。BCD技术在一个功率集成电路（Integrated Circuit, IC）芯片上结合了三种半导体器件制造工艺：用于精确模拟功能的Bipolar，用于数字设计的CMOS，以及用于电力电子和高压元件的DMOS，如图1-13所示。它是由意法半导体公司在20世纪80年代中期开发的。BCD被用于医疗电子、汽车安全和音频技术等领域。

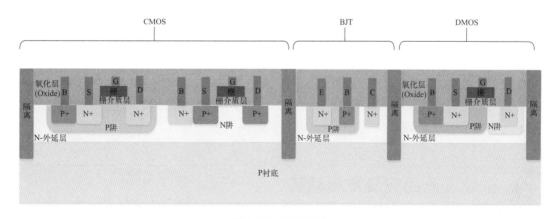

图1-13　BCD技术

■　（4）SOI

Silicon On Insulator（SOI）技术是指在分层的硅-绝缘体-硅衬底中制造硅半导体器件，以减少器件内的寄生电容，从而提高性能，如图1-14所示。

1989年，Ghavam G. Shahidi在IBM Thomas J. Watson研究中心启动了SOI研究项目。他

从材料研究到开发第一个商业上可行的器件，都作出了贡献。20世纪90年代初，他展示了一种结合硅外延生长和化学机械抛光的新技术，用制备器件级质量的SOI材料制造器件和简单电路。他也首次证明了SOI CMOS技术在微处理器应用中比传统CMOS更具功率和延迟优势。他克服了阻碍半导体行业采用SOI的障碍，并在推动SOI衬底发展到适合大规模生产的过程中发挥了重要作用。1994年，由Shahidi、Bijan Davari和Robert H. Dennard领导的一个IBM研究小组制造了第一个100 nm以下的SOI CMOS器件。

目前，飞思卡尔正在出货180nm、130nm、90nm和45nm的SOI CMOS器件。2001年末，飞思卡尔在其PowerPC 7455 CPU中采用了SOI。英特尔的产品继续在每个工艺节点上使用传统的CMOS技术，并专注于其他领域，如HKMG和三栅极晶体管，以提高晶体管的性能。

■ （5）FinFET

FinFET（Fin Field-Effect Transistor，鳍式场效晶体管）是一种立体的场效应管，其栅极被放置在沟道的两边、三边或四边，或者被包裹在沟道周围，以改善电路控制并减少漏电流，缩小晶体管的尺寸，如图1-15所示。

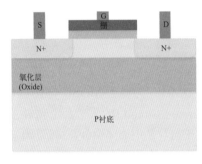

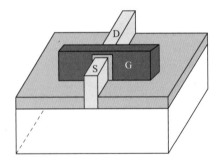

图1-14　SOI技术　　　　　图1-15　FinFET技术

当晶体管的尺寸小于25nm时，传统的平面场效应管的尺寸已经无法缩小。FinFET是由加州大学伯克利分校胡正明教授发明的，其主要思想是将场效应管立体化。22nm及以下的商业化生产的芯片通常采用FinFET栅极设计。从2014年起，在14nm以下主要代工厂（台积电、三星、GlobalFoundries）均采用了FinFET设计。当前，半导体制造工艺仍在不断演进过程中，商业化生产的芯片最小尺寸已经达到3nm，而实验室制造的芯片最小尺寸已经达到了1nm，未来如何发展仍需要不断地探索和尝试。

1.2　微处理器简史及发展趋势

人们在电脑或嵌入式系统中开发的各种应用程序软件、操作系统等，本质上都是一些指令的集合。微处理器通过执行这些指令来实现人们设计的各种各样的功能。经过50余年的发展，微处理器领域形成了复杂指令集计算机（Complex Instruction Set Computer, CISC）和精简指令集计算机（Reduced Instruction Set Computer, RISC）两大阵营，并在演进过程中不断融合发展。

1.2.1　CISC与RISC

无论是CISC还是RISC，均由两大部分组成，即指令集和微架构。一般来说，指令集（ISA）定义了支持的指令、数据类型、寄存器、寻址方式、中断、异常处理、存储体系以及输入和输出等。微架构指的是执行指令的微处理器架构，通常包含取指、译码、执行、写回、流水线、分支预测等。指令集要在微架构上执行，不同微架构的电脑可以执行相同的指令集。例如，Intel的Pentium和AMD的AMD Athlon，两者几乎采用相同版本的x86指令集，但是两者在内部设计上有本质的区别。

人们通常使用式（1-1）来衡量微处理器的性能，其中，program表示应用程序，time表示时间，time/program即为执行单个应用程序所花费的时间，其值越小，说明微处理器的性能越好。cycles表示执行单个应用程序所花费的微处理器时钟周期个数，time/cycles即为单时钟周期，其值越小越好。instructions表示指令个数，cycles/instructions即为执行单条指令所花费的时钟周期个数，instructions/program即为单个应用程序所包含的指令数。

$$\frac{\text{time}}{\text{program}} = \frac{\text{time}}{\text{cycles}} \times \frac{\text{cycles}}{\text{instructions}} \times \frac{\text{instructions}}{\text{program}} \tag{1-1}$$

CISC的最初目标是以尽可能少的指令完成某项任务，即着力优化式（1-1）右侧的instructions/program。CISC的单条指令往往可以执行多个操作，从而减少应用程序对应的指令数量。CISC的指令复杂，长度不固定，这直接导致了其微架构设计非常复杂，cycles/instructions的值较大。

RISC的最初目标与CISC截然不同，其着力优化的是式（1-1）右侧的cycles/instructions。RISC的单条指令往往比较简单，只能执行某个特定操作，这虽然导致了instructions/program的增加，但可以通过更加简单和高效的微架构设计来减小cycles/instructions。

CISC与RISC的主要区别如表1-1所示。目前，CISC占据了桌面和服务器领域的大部分市场，RISC则占据了移动和物联网领域的大部分市场。两大阵营在演进的过程中也在不断融合，相互取长补短。

表1-1　CISC与RISC的主要区别

CISC	RISC
复杂且不定长的指令	相对简单且标准化的指令
可能需要解释指令的微码	无微码
指令集包含的指令数量多	指令集包含的指令数量相对少
复杂的寻址方式	有限的寻址方式
多周期指令	单周期指令

1.2.2　Intel与AMD

■（1）Intel

4004是美国英特尔公司(Intel)推出的第一款4位微处理器，也是全球第一款微处理器，于1971年11月15日发布。4004处理器的尺寸为3mm×4mm，外层有16个端子，内有2300个晶体管，采用五层设计，10μm工艺。4004处理器的封装和芯片如图1-16所示，其性能与

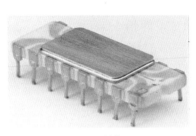

(a) 封装

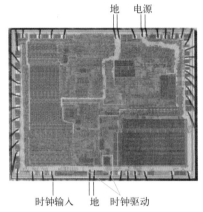

(b) 芯片

图1-16   Intel 4004

地   电源

时钟输入   地   时钟驱动

图1-17   Intel 8086

早期电子计算机ENIAC相当。

8086是英特尔公司于1978年发布的第一款16位微处理器，如图1-17所示。在没有CAD工具的时代，4名工程师与12名布线绘图员平行工作，用了2年多的时间才把8086的高层设计实现为可运行测试的产品。这在当时算是很快的研发速度。8086使用了大约20000个晶体管，芯片面积为33mm²，制造工艺为3.2μm。该系列较早期的处理器名称以数字来表示。由于以"86"作为结尾，包括Intel 8086、80286、80386以及80486，因此其架构被称为"x86"。x86架构，包括指令集、解释指令的微码和执行硬件三部分。x86架构的指令集属于复杂指令集，其特点是指令数目多而复杂，每条指令字长并不相等。

自1989年起，英特尔就一直有条不紊地遵循着其称为"Tick-Tock模式"的新产品创新节奏，即每隔一年交替推出新一代的先进工艺技术和处理器微体系架构（继承x86架构），随着时间的推移，二者在处理器整体性能表现中所起到的作用已远远超出了处理器主频和缓存技术。先进的工艺为处理器性能的变革提供了良好的基础，而优秀的核心架构则能弥补处理器主频的不足，更能简化缓存设计而降低成本。

英特尔于1993年推出的第五代微处理器命名为"奔腾"（Pentium），后来随着其产品线的扩展，派生出低端的"赛扬"（Celeron）系列、供服务器以及工作站使用的"至强"（Xeon）系列。奔腾系列微处理器采用的微架构从P5到Tiger Lake，工艺从0.8μm到14nm，有1核、2核和4核等多个版本。

2006年，英特尔推出"酷睿"（Core）系列处理器产品线，取代原奔腾处理器系列的市场定位。酷睿系列微处理器采用的微架构从Nehalem到Tiger Lake，工艺从45nm到10nm，有2核、4核、6核和8核等多个版本。图1-18为Intel"酷睿"i9微处理器芯片照片。

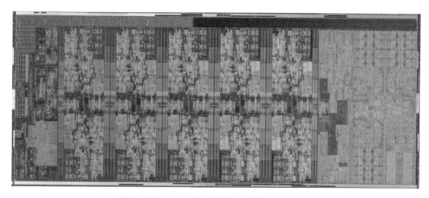

图1-18　Intel"酷睿"i9微处理器芯片

■（2）AMD

AMD半导体公司是目前除了英特尔以外，最大的x86架构微处理器供应商。20世纪80年代，IBM公司要在其PC中使用Intel 8088，但是IBM当时的政策要求所使用的芯片至少要有两个货源。1982年2月，AMD与Intel签约，成为得到许可的8086与8088生产商。在同样的安排下，AMD之后生产了80286。但是在1986年，Intel撤回协定，拒绝传达80386的技术详情。AMD告Intel毁约，仲裁判AMD胜诉，但是Intel对此提出上诉。接下来开始了长期的法庭战争，直到1994年才结束。加州最高法院判AMD胜诉，要求Intel赔付超过10亿美元的赔偿金。

1991年，AMD发布Am386，即Intel 80386的复制版。AMD在一年内就销售了100万只芯片。AMD接下来在1993年发布了Am486。两者都以比Intel版本更低的价格销售。很多设备制造商，包括康柏（COMPAQ）都使用Am486。由于电脑工业生产周期的缩短，逆向Intel产品的策略令AMD越来越难继续生存下去。因为这意味着他们的技术将一直落在Intel的后头。因此，他们开始开发自己的微处理器。

AMD初期的产品虽然最高性能不如同期的Intel产品，但却拥有较佳的性价比。特别是在2017年推出的全新锐龙（Ryzen）处理器，无论是微架构、功耗、性能都追上了英特尔，并且性价比较高。图1-19为AMD近年来推出的一系列移动应用微处理器。

图1-19　AMD微处理器

由于拥有较高的性能，Intel与AMD的微处理器主要应用领域为PC机、工作站、服务器等，但来自ARM等微处理器厂商的竞争正变得越来越激烈。受限于较高的功耗，其产品在嵌入式领域应用较少，但这种状况也正在发生变化。

1.2.3　ARM与RISC-V

■　（1）ARM

ARM（Advanced RISC Machines的缩写，最初是Acorn RISC Machine）公司研发的ARM微处理器架构属于精简指令集（RISC）架构。ARM公司开发了该架构并设计实现了该指令集的内核。ARM自己不制造芯片，而是将其以技术知识产权（IP核）的方式授权给其他公司使用。

最初的ARM1使用32位的内部结构，但仅有26位的地址空间，使其内存被限制在64MB。这一限制在ARMv3系列中被取消，该系列拥有32位的地址空间，直到ARMv7仍然是32位。2011年发布的ARMv8-A架构通过其新的32位固定长度指令集，增加了对64位地址空间和64位算术的支持。ARM公司还发布了一系列针对不同规则的附加指令集以提高代码密度。

由于成本低、功耗小、发热量比竞争对手低，ARM处理器非常适合用于轻型、便携式、电池供电的设备，包括智能手机、笔记本电脑和平板电脑以及其他嵌入式系统。但是，ARM处理器也用于台式机和服务器，包括世界上最快的超级计算机。截至2021年，ARM芯片的产量超过1800亿只，ARM是使用最广泛的指令集架构（ISA），也是产量最大的ISA。目前，广泛使用的ARM内核有Cortex、Classic和SecurCore等系列。

苹果公司A系列处理器、高通公司骁龙处理器和华为公司麒麟系列处理器均是基于ARM架构设计的系统级芯片。Apple A14是苹果公司设计的基于64位ARMv9架构的系统芯片。这款芯片于2020年9月15日发布，是第一款量产的5 nm工艺芯片，首次使用于第四代iPad Air、iPhone 12和iPhone 12 Pro。麒麟9000芯片是华为公司于2020年10月22日发布的基于64位ARMv9架构、采用5nm工艺制造的手机SoC芯片，采用1*A77、3*2.54GHz A77、4*2.04GHz A55的8核设计，最高主频可达3.13GHz。

■　（2）RISC-V

RISC-V是一个基于精简指令集（RISC）原则的开源指令集架构（ISA）。该项目2010年始于加州大学伯克利分校，但许多贡献者是该大学以外的志愿者和行业工作者。与ARM公司和MIPS公司对使用其设计、专利和版权收取版税不同，RISC-V指令集可以自由地用于任何目的，允许任何人设计、制造和销售RISC-V芯片和软件而不必支付给任何公司专利费。该指令集还具有众多支持的软件，这解决了新指令集通常的弱点。当然RISC-V既有开源的RISC-V内核，也有商业许可的内核，其与ARM在商业上的区别如表1-2所示。

表1-2　ARM与RISC-V在商业模式上的区别

内容	ARM商业IP	RISC-V商业IP	RISC-V开源IP
指令集	收费	免费	免费
微架构	收费	收费	免费
保证与担保	有限	有限	无

RISC-V指令集的设计考虑了小型、快速、低功耗的现实情况，基本指令集是固定长度的32位自然对齐的指令，也支持可变长度指令的扩展。市面上已经有很多使用RISC-V架构的CPU，如阿里平头哥的玄铁RISC-V系列处理器，晶心科技推出的多款64位RISC-V内核等。RISC-V的使用正在增加，而且有迹象表明，主要公司已经开始寻找ARM的替代品。

1.2.4 AI加速器

计算机系统经常使用特定用途加速器来补充CPU，这些加速器称为协处理器。著名的特定硬件加速器有显卡、声卡、图形处理单元（Graphics Processing Unit, GPU）和数字信号处理器（Digital Signal Processing, DSP）等。随着人工智能（Artificial Intelligence, AI）在21世纪初的崛起，专门的硬件加速单元被开发出来。

GPU是用于操作图像的专门硬件，内部有大量低性能的内核，可以全部并行运行，这非常适用于某些类型的计算密集型工作，如机器学习和人工智能。对于这类应用，GPU的效率较CPU更高，但灵活性不如CPU。目前，GPU在人工智能工作中很受欢迎，它们继续朝着促进深度学习的方向发展，既用于训练，也用于自动驾驶汽车等设备的推理计算。NVIDIA、NVLink等GPU开发商正在为人工智能开发额外的神经网络专用硬件。

由于深度学习框架仍在不断发展，因此很难设计定制硬件。现场可编程门阵列（Field Programmable Gate Array, FPGA），内部除含有少量内核（Core）外，还有大量的可编程逻辑单元（Logic Cell, LC），使得软件和硬件更容易更新迭代。因此，FPGA的效率高于GPU，但灵活性也变差了。微软已经使用FPGA芯片来加速深度学习。

虽然GPU和FPGA在人工智能相关任务中的表现远好于CPU，但通过更具体的特定应用集成电路（Application Specific Integrated Circuit, ASIC），可以获得高达10倍以上的效率提升。由于ASIC只能完成特定加速任务，因此其在达到高效率的同时，灵活性也是最差的。华为、谷歌、亚马逊、苹果、Facebook、AMD和三星等公司都在设计自己的AI ASIC。

CPU、GPU、FPGA和ASIC技术相比，从CPU的高度灵活性和快速可重复编程，到ASIC的高效率，但完全不灵活，没有可重复编程性，究竟哪个更好则取决于具体应用。各技术之间的对比如图1-20所示。

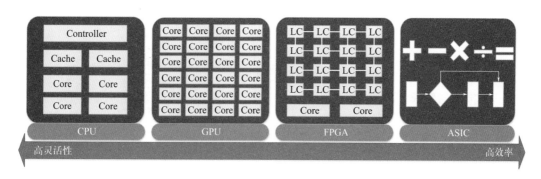

图1-20 不同技术对比

除上述技术外，还有一些其他技术被开发出来用于AI加速。2017年6月，IBM研究人员宣布了一个与冯·诺依曼架构不同的架构，该架构基于内存计算和相变存储器阵列，应用于时间相关性检测，并打算将该方法推广到异构计算和大规模并行系统中。2018年10月，IBM

研究人员宣布了一个基于内存处理并以人脑突触网络为模型的架构，以加速深度神经网络。

2019年，来自米兰理工大学的研究人员发现了一种通过单一操作在几十纳秒内解决线性方程组的方法。他们的算法是基于带有模拟电阻存储器的内存计算，通过使用欧姆定律和基尔霍夫定律在一个步骤中进行矩阵向量乘法。研究人员表明，带有交叉点电阻存储器的反馈电路可以在一个步骤内解决代数问题，如线性方程组、矩阵特征向量和微分方程。与数字算法相比，这样的方法极大地缩短了计算时间。

2020年，Marega等人发表了大面积有源通道材料的实验，用于开发基于浮栅场效应晶体管（FGFET）的逻辑存储器件和电路。这种器件被认为有希望用于节能的机器学习应用，其中相同的基本器件结构被用于逻辑操作和数据存储。

至今，人工智能仍在不断发展过程中，将是今后很长一段时间内集成电路创新的重要领域。

1.3 半导体存储器简史及发展趋势

20世纪50～70年代，磁芯存储器是计算机随机存取存储器的主要形式。磁芯存储器通常使用特殊磁性材料（环状）作为磁芯，穿过磁芯的导线作为绕组。一个磁芯可以按顺时针或逆时针的方向被磁化。不同磁化方向分别代表0或1。通过一条绕组中的电流脉冲可以改变磁芯的磁化方向，从而存储一个1或一个0。通过另一条绕组可以检测磁芯的磁化方向。由于采用磁化方向而不是电荷的形式存储信息，磁芯存储器不易受辐射的影响，且在掉电时信息不丢失。在没有半导体存储器的年代，磁芯存储器就被用于人类登陆月球的计算机中。图1-21为一个32×32的磁芯存储器，可以存储1024bit的数据。网格线交汇处的黑色小环就是铁氧体磁芯。

1961年，德州仪器公司首先制造出由分立器件制成的双极半导体存储器。同年，仙童半导体公司的应用工程师Bob Norman提出了集成电路（IC）芯片上的固态存储器的概念。第一个双极半导体存储器IC芯片是IBM公司在1965年推出的SP95。虽然双极存储器比磁芯存储器的性能有所提高，但它无法与价格较低的磁芯存储器竞争，直到20世纪60年代末，磁芯存储器仍占主导地位。双极存储器未能取代磁芯存储器，主要是因为双极触发器电路过于庞大和昂贵。

1959年，Mohamed M. Atalla和Dawon Kahng在贝尔实验室发明了MOSFET。1964年，仙童半

图1-21　磁芯存储器

导体公司的John Schmidt开发了MOS存储器。除了更高的性能外，MOS半导体存储器比磁芯存储器更便宜，耗电更少。1965年，英国皇家雷达研究所的J. Wood和R. Ball提出了数字存储系统，除MOSFET器件外，还使用了CMOS存储器单元。1968年，Federico Faggin在仙童公司开发了硅栅MOS集成电路（MOS IC）技术，使得MOS存储器芯片得以生产。20世纪70年代初，NMOS存储器由IBM公司商业化。20世纪70年代，MOS存储器超过磁芯存储

器成为主导的存储器技术。

半导体存储器中的数据被存储在由集成电路上的MOS晶体管构建的存储单元内。半导体存储器主要分为两大类：非易失性存储器，即存储的信息掉电后不丢失，包括闪存（Flash Memory）、只读存储器（Read-Only Memory, ROM）、可编程只读存储器（Programmable Read-Only Memory, PROM）、可擦除可编程只读存储器（Erasable Programmable Read-Only Memory, EPROM）和电可擦除可编程只读存储器（Electrically Erasable Programmable Read-Only Memory, EEPROM）等；易失性存储器，即存储的信息掉电后丢失，包括动态随机存取存储器（Dynamic Random-Access Memory, DRAM）、静态随机存取存储器（Static Random-Access Memory, SRAM）等。

1.3.1 FLASH

1967年，Dawon Kahn与Simon Min Sze在贝尔实验室开发了一种MOSFET的变体，即浮栅MOSFET，其截面示意图如图1-22所示。他们提出使用浮栅MOSFET作为存储器单元，以实现既非易失又可重复编程的可编程只读存储器（PROM）。浮栅MOSFET与标准MOSFET相比，在栅极下方多了一个浮栅，浮栅周围均为绝缘介质，除此之外不与任何其他部分相连。当浮栅上没有被捕获的电荷时，浮栅MOSFET的阈值电压为VT1，即在栅极和源极之间电压差大于VT1时，源漏之间形成导电沟道；当浮栅上存在被捕获的电荷时，这种电荷会屏蔽来自栅极的电场，因此浮栅MOSFET的阈值电压被抬高为VT2，这意味着必须对栅极和源极之间施加更高的电压（大于VT2）才能在源漏之间形成导电沟道。为读取数据，可将介于VT1和VT2之间的一个中间电压施加到栅极和源极之间。如果浮栅MOSFET在这个中间电压下导通，说明浮栅上一定没有电荷，此时的状态可被当成逻辑"1"。如果浮栅MOSFET在这个中间电压下不导通，则表明浮栅上有电荷，此时的状态可被当成逻辑"0"。这就是浮栅MOSFET用于存储数据的基本原理。

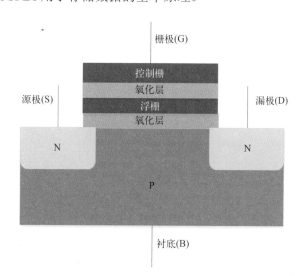

图1-22 浮栅MOSFET截面示意图

当在浮栅MOSFET的栅极和源极之间施加一个正的高电压脉冲时，就会在浮栅和源极之间的极薄绝缘层内出现隧道效应，从而将电子注入浮栅，即编程；当施加一个相反的高压脉冲时，就会使浮栅上的电子经隧道释放掉，即擦除。在编程和擦除过程中，这层极薄的绝缘层会经历极高的电场，从而发生电绝缘性能的逐渐退化。这就是为什么浮栅MOSFET都有擦写次数的限制。早期的浮栅存储器要求工程师为每一位数据建立一个存储单元，这被证明是麻烦的、缓慢的和昂贵的，因此限制了浮栅存储器的应用。

1980年，Fujio Masuoka在为东芝公司工作时，提出了一种新型的浮栅存储器，可以快速而方便地擦除一组存储器单元，这就是闪存。Masuoka和同事在1984年提出了NOR闪存概念，在1987年提出了NAND闪存概念。东芝公司于1987年商业化地推出了NAND闪存。英特尔公司于1988年推出了第一个商业化的NOR闪存芯片。

在NOR FLASH中，同一组内的每个浮栅MOSFET都是一端接地，另一端连接位线，如图1-23所示。各浮栅MOSFET在位线和地之间是并联关系，这种安排类似于电路中的或非门，因此被称为NOR FLASH。当其中一条字线被拉高时，相应的浮栅MOSFET就会将输出位线拉低。由于此低阻路径上只有一个浮栅MOSFET，故NOR FLASH的读延迟较低，适合作为程序存储器使用。

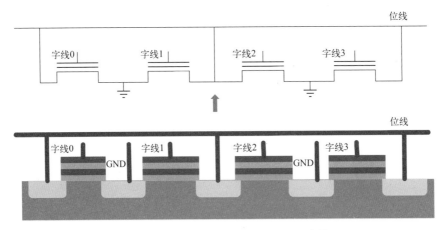

图1-23　NOR FLASH截面及原理示意图

NAND FLASH也使用浮栅MOSFET，但它的连接方式类似于NAND门：几个晶体管串联在一起，只有当所有的字线被拉高时，位线才能被拉低，如图1-24所示。读取数据时，首

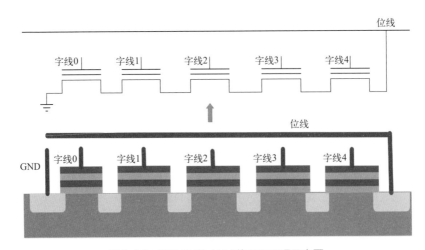

图1-24　NAND FLASH截面及原理示意图

先将其他字线拉高到VT2以上，而将要读取的浮栅MOSFET栅极拉高到刚刚超过VT1。如果所选的晶体管没有被编程，串联的晶体管路径将导通，并将位线拉低。由于此低阻路径上有多个浮栅MOSFET串联，故NAND FLASH的读延迟较高，不适合作为程序存储器使用。与NOR FLASH相比，NAND FLASH的接地线和位线的减少使得布局更加密集，每比特的成本更低，芯片的存储容量更大，因此适合作为数据存储器使用。

将上述平面NAND FLASH垂直堆叠，可以进一步提升存储器的位密度，这就是3D NAND。与水平NAND不同，在3D NAND中导电沟道通常为圆柱体，由多晶硅制作而成，存储单元没有源漏区，依靠栅电场和栅的边缘电场控制沟道的导通，如图1-25所示。3D NAND的读数据、编程和擦除与平面NAND的原理基本相同，但制造工艺区别很大。2007年，日本东芝公司首次宣布了基于三维垂直架构的BiCS（Bit Cost Scalable）NAND FLASH。2009年，韩国三星公司推出了TCAT（Terabit Cell Array Transistor）结构的3D V-NAND，并在2012年推出业界第一款3D NAND芯片。2015年，美国美光公司推出了基于浮栅技术的3D NAND。2019年，中国长江存储宣布开始量产基于Xtacking架构的3D NAND产品。作为非易失性存储器领域的最前沿技术，3D NAND的设计和研发仍在不断进行中。

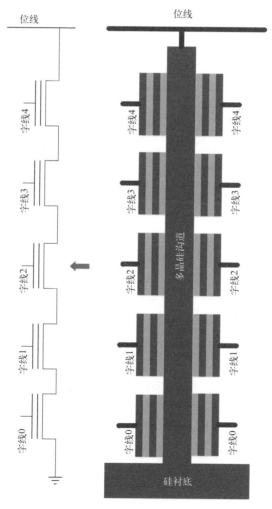

图1-25　3D NAND FLASH截面及原理示意图

1.3.2 DRAM

早期的DRAM通常使用分立的双极晶体管器件。虽然它提供了比磁芯存储器更好的性能，但双极型DRAM无法与当时占主导地位的磁芯存储器的低价格进行竞争。

1959年，贝尔实验室的Mohamed Atalla和Dawon Kahng发明MOSFET后，MOS DRAM得到了发展。1966年，IBM Thomas J. Watson研究中心的Robert Dennard博士在研究MOS技术的特点时，发现在MOS电容器上储存电荷或不储存电荷可以代表1bit的1或0，而MOS晶体管可以控制向电容器写入电荷，这导致他开发了单晶体管MOS DRAM存储单元。MOS存储器比磁芯存储器具有更高的性能，价格更便宜，耗电也更少。

DRAM通常将每一位数据存储在一个存储单元中，通常由一个微小的电容器和一个晶体管组成，两者通常基于金属氧化物半导体（MOS）技术，如图1-26所示。DRAM中电容器上的电荷会因为逐渐泄漏而造成数据丢失。为了防止这种情况，DRAM需要一个外部存储器刷新电路，定期重写电容器中的数据，使其恢复到原始电荷。这种刷新过程是DRAM独有的特征，而其他存储器则不需要刷新数据。与闪存不同，DRAM是易失性存储器，当电源被移除时，它的数据会迅速丢失。然而，DRAM拥有非常高的性能和密度，这就是它被用作计算机内存的原因。

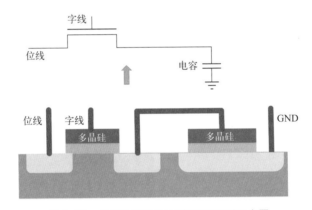

图1-26　单晶体管DRAM截面及原理示意图

1970年，Intel公司推出了第一款商业化的DRAM芯片，即Intel 1103，彻底颠覆了磁芯存储器技术。DRAM的出现解决了磁芯存储器体积大、速度慢、密度低和能耗高等问题。早期DRAM通常与CPU时钟同步，并被用于早期的英特尔处理器。20世纪70年代中期，DRAM转向了异步设计，但在20世纪90年代又回到了同步操作。

同步动态随机存取存储器（Synchronous Dynamic Random-Access Memory, SDRAM）的外部端子接口的操作由外部提供的时钟信号进行同步，即外部输入信号在输入时钟的上升沿被识别。在JEDEC（Joint Electron Device Engineering Council）的标准中，SDRAM的输入时钟信号控制着芯片内部有限状态机的步进，对传入的命令做出反应。芯片内部被分为几个大小相等但独立的块（Bank），每个Bank的读写可以并行进行，并以交错的方式实现传输。通过流水线设计，芯片可以实现在每个时钟周期接收一个命令并传输一个字的数据。第一个商用SDRAM是三星KM48SL2000内存芯片，它的容量为16Mbit。它是由三星电子在1992年使用CMOS（互补金属氧化物半导体）制造工艺制造的，并在1993年大规模生产。到2000年，因其性能更高，SDRAM已经取代了现代计算机中几乎所有其他类型的DRAM。典型的SDRAM时钟速率为66MHz、100MHz和133MHz，最高可达200MHz，工作电压为3.3V。

JEDEC是一个电子工业协会，采用开放标准来促进电子元件的互操作性。JEDEC于1993年正式通过了其第一个SDRAM标准，随后又通过了其他SDRAM标准，包括DDR、DDR2、DDR3、DDR4、DDR5 SDRAM标准。今天，几乎所有的SDRAM都是按照JEDEC制定的标准制造的。

双数据率同步动态随机存取存储器（Double Data Rate Synchronous Dynamic Random-Access Memory, DDR SDRAM）接口通过更严格地控制电气参数，使更高的传输速率成为可能。该接口使用时钟信号的上升沿和下降沿传输数据，因此在不增加时钟频率的情况下，其数据总线带宽比SDRAM增加一倍，这也是其名称中"双数据率"的由来。三星公司于1998年发布了第一款商用DDR SDRAM芯片。典型的DDR SDRAM时钟速率为133MHz、166MHz和200MHz。

在DDR中，2个相邻的数据字将在同一时钟周期内从存储单元阵列中读出，并放在预取缓冲器中。然后，每个字将在时钟周期的连续上升沿和下降沿被传输。在DDR2中，4个连续的数据字被从存储单元阵列中读出并放在预取缓冲器中，在一个比DDR内部时钟快2倍的外部时钟的连续上升沿和下降沿传输。典型的DDR2时钟速率为200MHz、266MHz、333MHz和400MHz。

DDR3延续了这一趋势，将最小的读或写单元增加到8个连续字，这使得带宽和外部总线速率又增加了一倍，而不必改变芯片内部操作的时钟速率。使用这些芯片的计算机系统从2007年下半年开始上市，从2008年开始大量使用。典型的DDR3时钟速率为400MHz、533MHz、667MHz和800MHz。

DDR4没有再次将内部预取宽度增加一倍，而是使用与DDR3相同的预取宽度，即8个连续字。为了进一步提升传输带宽，DDR4将芯片内部操作的时钟频率，由原来的100～266MHz，提高到了200～400MHz。相应地，典型的DDR4时钟频率为800MHz、933MHz、1066MHz、1200MHz、1333MHz、1466MHz和1600MHz。DDR4在2015年左右实现大规模市场应用，这与DDR3替代DDR2实现大规模市场过渡所需的大约五年时间相当。

DDR5基本没有提升芯片内部操作的时钟频率，而是回到了增加预取宽度的技术路线上，将内部预取宽度增加到了16个连续字，这使得带宽和外部总线速率又增加了一倍。2020年7月14日，JEDEC发布了DDR5标准。典型的DDR5时钟频率为1600MHz、1800MHz、2000MHz、2400MHz、2500MHz、2666MHz、2800MHz、3200MHz和3600MHz。

1.3.3 MRAM

MRAM（Magnetoresistive Random-Access Memory），即磁阻式随机存储器，拥有静态随机存储器（SRAM）的高速读写能力、动态随机存储器（DRAM）的高集成度，以及非易失性，是下一代通用存储器的热门技术之一。

1984年，在霍尼韦尔工作的Arthur V. Pohm和James M. Daughton开发了第一个磁阻存储器件。1988年，欧洲科学家Albert Fert和Peter Grünberg在薄膜结构中发现了"巨磁阻效应"。1996年，自旋转移矩被提出。1998年，摩托罗拉公司开发了一款256kb的MRAM测试芯片。2003年，采用180 nm工艺制造的128kb的MRAM芯片问世。之后，MRAM进入了快速发展阶段。2019年，Everspin开始出货28 nm1Gb STT-MRAM芯片；三星开始商业化生产其首个基于28 nm工艺的嵌入式STT-MRAM。2021年，台积电披露了在12/14 nm节点开发eMRAM技术的路线图，作为替代eFLASH的产品。

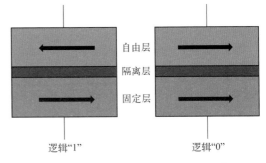

图1-27　MRAM存储单元工作原理示意图

主流MRAM存储单元一般由自由层、隔离层和固定层组成，如图1-27所示。自由层的磁场方向可以通过编程改变，而固定层的磁场方向是固定不变的。当自由层的磁场方向与固定层的磁场方向相同时，存储单元呈现低阻状态；当两者磁场方向相反时，存储单元则呈现高阻状态。当有电流流过存储单元时，低阻状态就表现出低电压，而高阻状态则表现出高电压。通过检测存储单元电压的高低就可以判断存储的数据是"0"还是"1"。

相比于DRAM和FLASH，MRAM有如下特点：

① DRAM通常使用一个小电容作为存储元件，并使用一个晶体管来控制电容的充放电，这使得DRAM成为目前可用的密度最高的RAM，也是最便宜的，故被用作计算机中的内存。MRAM在物理结构上与DRAM相似，通常也只需一个晶体管来控制读写操作。因此，在密度上MRAM并不输给DRAM。当前展示的最新MRAM的读写速度已经超过DRAM，且由于MRAM存储的信息是非易失的，不需要刷新，因此在功耗上也优于DRAM。

② FLASH写入和擦除都是通过大电压脉冲对浮栅进行充放电实现的，因此造成了FLASH单元的物理退化，这意味着FLASH写入次数是有限的。与此不同，MRAM写入依靠的是电流产生的磁场，电流方向不同则磁场方向不同，从而改变自由层中磁场的方向。因此，MRAM写入几乎是无限次数的。

③ MRAM不依靠电荷存储信息，因此具有抗辐射的优点，这也使其在航天、核能等应用中找到了用武之地。

综上所述，MRAM具有替代DRAM和FLASH的良好潜力，是下一代通用存储器的热门技术。但是先进工艺节点带来的电流下降，可能会限制MRAM的写操作，从而限制MRAM的进一步发展。

1.4　图像传感器简史及发展趋势

图像传感器是一种将光学影像转换成电子信号的设备，广泛应用在数码相机和其他电子光学设备中。图像传感器主要分为感光耦合器件（Charge-Coupled Device, CCD）和互补式金属氧化物半导体有源像素传感器（CMOS Active Pixel Sensor）两种。

1.4.1　CCD图像传感器

20世纪60年代末，贝尔实验室的Willard Boyle和George E. Smith正在研究半导体气泡存储器。他们意识到，电荷可以存储在一个微小的MOS电容上。制造一系列的MOS电容器是相当简单的，他们将适当的电压连接到这些电容器上，这样电荷就可以从一个电容器移动到另一个电容器。Boyle和Smith在1969年发明了电荷耦合装置，并在2009年获得了诺贝尔物理学奖。

1970年4月，Gil Amelio、Michael Francis Tompsett和George Smith首次展示了该原理的实验装置，如图1-28所示，其在氧化硅表面上制作了一排紧密间隔的金属方块，并通过导线进行电气连接。这是CCD在图像传感器技术中的首次实验性应用。尽管第一个CCD器件看上去比较粗糙，但其成功演示了电荷耦合过程。

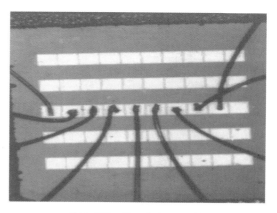

图1-28　第一个CCD器件

1971年，由Tompsett领导的贝尔实验室研究人员制造了第一个CCD集成器件，如图1-29所示。这个器件有输入和输出，用8个CCD单元成功演示了线性扫描成像，成像结果如图1-30所示。

图1-31是CCD原理示意图，图1-31（a）中的CDD由一个P型半导体、一个薄的二氧化硅绝缘层和一个栅极阵列构成。施加在栅极上的正向偏压将在其下方形成一个耗尽区。如图1-31（b）所示，进入的光子能够在耗尽区产生光电子（电子和空穴对，空穴被正向偏压推出耗尽区，电子则被聚集在栅极下方）。然后这些光子产生的电子在水平方向上被可编程地转移到阵列的一侧，以便它们可以被放大和检测。如图1-32（c）～（f）所示，电子转移可以通过沿着阵列逐步移动栅电压来完成。用于成像的CCD的栅极通常排列成二维阵列。

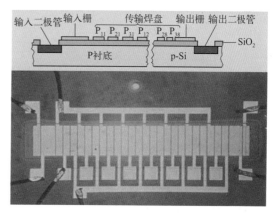

图1-29　第一个CCD集成器件

图1-30　由第一个CCD集成器件扫描成像

仙童半导体公司在1974年已经拥有了一个线性500像素的设备和一个二维100×100像素的设备。为柯达工作的电子工程师Steven Sasson在1975年发明了第一台使用仙童100×100 CCD的数字静止相机。在接下来的时间里，科学家和工程师努力奋斗，逐步将CCD推向实用化。

受限于探测原理，CCD只能探测光的强度，不能区分光的颜色。1978年，柯达实验室的Bayer在CCD的表面覆盖了一层只含有红、绿、蓝三色的马赛克滤镜阵列。通过在相邻的几个像素点放置不同颜色的滤镜，实现单色光的探测，再通过后期的插值运算得到每个像素点的三色值，从而实现了彩色成像。正是由于这层滤镜的存在，所以图像传感器表面看上去是彩色的。

索尼当时在摄像机领域已经有很强大的实力，但是要想让CCD达到可以使用在摄像机

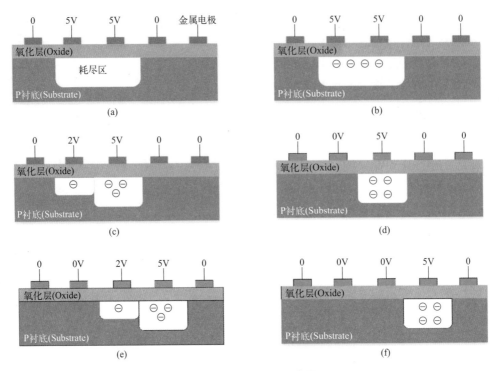

图1-31　CCD原理示意图

上，那么至少需要10万像素。当时的半导体工业技术还很难做到这一点。虽然从结构上说，CCD并不复杂，但是难就难在加工和制造的工艺上，基本的CCD只有3层滤镜的结构，但是用于商业化的CCD多达40层。在岩间和夫的领导下，索尼对商业CCD研发进行了大规模投资，终于在1980年1月造出了第一台量产的使用ICX008 CCD的彩色摄像机。虽说是量产，但是良品率非常低，每100块差不多只有1块合格，整条生产线运转一周才能生产出一块可以使用的良品。索尼接到的第一笔来自日航的13台CCD摄像机的订单足足生产了一年之久。

　　耗尽区的建立有两种方法：一是利用MOS电容外加偏压的方式产生耗尽区，如图1-32（a）所示，二是利用反偏的PN结来产生耗尽区，如图1-32（b）所示。1965年，美国仙童半导体的G. P. Weckler发现了反偏PN结的光电特性。二者皆可实现光电转换，但MOS电容结构有一个固有的缺点，就是多晶硅栅会阻挡和吸收一部分入射光线，从而降低其量子效率。正是这个原因，后期的CCD也逐步使用PN结光电二极管作为其光电探测器。但PN结光电二极管也有两个固有缺陷：① 在耗尽区产生的光生电子难以全部转移

图1-32　不同的耗尽区产生方式

（或耦合）；②由于半导体表面存在大量的缺陷和界面态，导致光电二极管暗电流很大。为解决上述问题，1982年，日本的寺西信一等人提出了一种钳位光电二极管结构，如图1-32（c）所示。至此，CCD图像传感器的两大核心技术——电荷耦合器件与钳位光电二极管（Pinned Photodiode, PPD）技术已全部问世。

随后，经过人们的不懈研发，CCD的制造工艺水平不断提高，单个CCD芯片的像素从十几万到几百万，记录被不断刷新。相对于其他半导体成像技术，CCD在图像质量和稳定性方面积累了显著的竞争优势。1996年全球数码相机产量仅为100万台，而在短短5年后的2000年，这一产量实现了飞跃式增长，跃升至1000万台，增长速度惊人。随着技术迭代与市场需求的增长，这一趋势在后续年份中得以延续并加速发展。

随着CCD图像传感器阵列大小的增加，其电荷转移效率等问题也随之浮现。一种全新的固态图像传感器技术于1993年在美国喷气实验室应运而生，即基于有源像素传感器(Active Pixel Sensor，APS)结构的CMOS图像传感器（Complementary Metal-Oxide-Semiconductor Image Sensor，CIS）。CMOS图像传感器的光电信息转换原理与CCD相似，主要区别在于这两种传感器在光电转换后信息传送的方式不同。CMOS图像传感器具有读取信息方式简单、输出速率快、耗电少、体积小、重量轻、集成度高、价格低等特点。从2008年开始，各大厂商逐渐把CMOS图像传感器使用在不同的数码相机产品上。从此，CMOS图像传感器迅速发展。因为有着较低的生产成本和技术门槛，CMOS图像传感器相较于CCD图像传感器有着一定的成本优势，而质量上的差别则越来越小，甚至旗鼓相当。2010年以后，CMOS图像传感器迅猛发展，在绝大多数应用领域取代了CCD传感器。

1.4.2　CMOS图像传感器

按照成像原理的不同，CMOS图像传感器可分为无源和有源两种。无源像素传感器（Passive Pixel Sensor，PPS）由无源像素组成，无须放大即可读出，每个像素由一个光电二极管和一个MOSFET开关组成。1967年，第一颗基于MOS管的图像传感器诞生，它的光电探测器部分正是利用了反偏PN结的无源像素结构，这也是现代CMOS图像传感器最早的原型。光电二极管阵列是由G. Weckler在1968年提出的，比CCD还要早。MOS无源像素传感器仅使用像素中的一个简单开关来读出光电二极管中的集成电荷。像素被排列成一个二维结构，同一行的像素共享一个访问使能线，各列共享输出线，在每一列的末端有一个晶体管负责选通。无源像素传感器有许多局限性，如高噪声、读出速度慢和缺乏可扩展性。直到20世纪90年代初，基于无源像素结构的CMOS图像传感器仍然存在较大的噪声以及图像拖尾等问题而难以得到实际应用。20世纪70～90年代初的这段时间，CCD图像传感器大放光彩。

有源像素传感器（Active Pixel Sensor，APS）由有源像素组成，每个像素包含多个MOS晶体管，将光产生的电荷转换为电压信号并放大。有源像素的概念是由Peter Noble在1968年提出的。他创造了每个像素带有有源MOS读出放大器的传感器阵列。第一个MOS APS是由奥林巴斯的Tsutomu Nakamura团队于1985年制造的。20世纪80年代末至90年代初，其他日本半导体公司也很快推出了自己的有源像素传感器。在这一时期，CMOS工艺作为一种控制良好的、稳定的半导体制造工艺已经确立，并且是几乎所有逻辑和微处理器的制造工艺。凭借着低成本的优势，在低端成像应用中，无源像素CMOS传感器的使用出现了复苏，而有源像素CMOS传感器也开始应用于一些低分辨率的场合。

钳位光电二极管PPD在CMOS工艺中的集成相较于CCD之中的集成更加困难，这使得CMOS图像传感器中有源像素的最初结构并没有使用PPD作为光电探测器，而是依旧使用反偏PN结的结构，如图1-33（a）所示。CMOS中集成低压应用的PPD结构于1995年首次被Kodak实现，当今CMOS图像传感器中的像素结构基本都是基于集成PPD光电探测器的4管有源像素，如图1-33（b）所示。

在这之后的20年中，基于有源像素结构的CMOS图像传感器技术得到了爆炸式的发展。1997年R. M. Guidash、2000年K. Yonemoto和H. Sumi以及2003年I. Inoue进一步改进了采用PPD技术的CMOS传感器，这使得CMOS传感器的成像性能与CCD传感器相当，后来甚至超过了CCD传感器。由于CMOS传感器的低功耗、高集成度、高性能等特性，如今在大部分应用领域内几乎已经完全取代了CCD图像传感器。

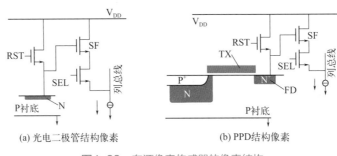

(a) 光电二极管结构像素　　　　　　(b) PPD结构像素

图1-33　有源像素传感器的像素结构

1.5　中国半导体集成电路发展史

1.5.1　中国集成电路发展简史

根据《中国电子报》"新中国成立70周年系列报道之芯片篇"，中国集成电路产业发展历史可大致分为五个时期：创业期、探索前进期、重点建设期、加速发展期和高质量发展期。

■ （1）从无到有的创业期（1965—1978年）

1965年，第一批国内研制的晶体管和数字电路在河北半导体研究所鉴定成功。

1968年，上海无线电十四厂首家制成PMOS集成电路。

1972年，中国第一块PMOS型LSI电路在永川一四二四研究所研制成功。

1976年，中国科学院计算所采用中国科学院109厂（现中国科学院微电子研究所）研制的ECL（发射机耦合逻辑电路）研制成功1000万次大型电子计算机，如图1-34所示。

图1-34　109厂与中国科学院计算所联合研制的013机

■ （2）探索前进期（1979—1989年）

1980年，中国第一条3英寸（1in=2.54cm）线在878厂投入运行。

1982年，江苏无锡742厂从日本东芝引进电视机集成电路生产线，这是中国第一次从国外引进集成电路技术。

1985年，第一块64K DRAM在无锡国营742厂试制成功。

1988年，871厂（注：原文为上海无线电十四厂）建成我国第一条4英寸线，如图1-35所示。

图1-35　国内第一条4英寸芯片生产线

■ （3）重点建设期（1990—2000年）

1992年，上海飞利浦公司建成我国第一条5英寸线。

1993年，第一块265K DRAM在中国华晶电子集团试制成功。

1994年，首钢日电公司建成我国第一条6英寸线。

1995年，国务院决定继续实施集成电路专项工程（"909"工程），集中建设我国第一条8英寸生产线。

1998年，北京有色金属研究总院半导体材料国家工程研究中心承担的我国第一条8英寸硅单晶抛光片生产线建成投产。

1999年，上海华虹NEC的第一条8英寸生产线正式建成投产，如图1-36所示。

■ （4）发展加速期（2000—2011年）

2002年，中国第一款批量投产的通用CPU芯片——龙芯1号研制成功，如图1-37所示。

图1-36　上海华虹NEC电子有限公司

图1-37　龙芯1号

2004年，中国大陆第一条12英寸线在北京投入生产。

2008年，中星微电子手机多媒体芯片全球销量突破1亿颗。

■ （5）高质量发展期（2012年至今）

2015年，中芯国际28nm产品线实现量产。

2019年，采用台积电7nm工艺制造的华为麒麟990芯片成为5G手机SoC芯片的标杆产品，如图1-38所示。

2020年，华为公司全球首发5nm的麒麟9000处理器。

2020年，长江存储国产128层堆叠闪存芯片研发成功。中芯国际14 nm产品线实现量产。

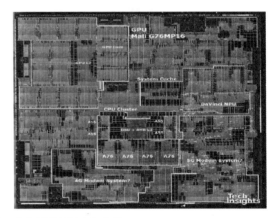

图1-38　华为麒麟990 5G芯片

1.5.2　集成电路产业现状

我国集成电路产业在近年来持续保持着快速且稳健的发展态势。作为全球最大的半导体消费市场，我国在推动本土集成电路设计、制造、封装测试等全产业链发展上不遗余力，并取得了显著成效。2021年，我国集成电路产业销售额首次突破万亿元人民币大关，各细分领域均有两位数的同比增长，其中设计业和制造业的增长尤为突出。在政策支持与市场需求双重驱动下，国产化替代趋势明显增强，大量投资涌入，以提升芯片自给率和技术创新能力。同时，国内企业在高端芯片研发及先进制程工艺等方面不断取得突破，尽管与国际领先水平仍有一定差距，但追赶速度加快。产业链上下游协同效应逐步显现，一批具有核心竞争力的企业在材料、设备、EDA软件等领域崭露头角，为整体产业链的安全性和自主性提供了有力支撑。进口依赖度虽然仍然较高，但随着国内产能的扩大和产品质量的提升，集成电路产品进出口结构正逐步优化，出口增速较快，国际市场地位不断提升。

■ （1）集成电路设计业

近年来我国高端芯片领域取得了长足发展。国产通用CPU尽管与世界最先进水平相比仍有一些差距，但是已经从10年前的"基本不可用"到今天的"完全可用"。国产CPU的应用开始从专用领域转向公开市场领域，走出了具有里程碑意义的重要一步。国产嵌入式CPU已经实现了与国外产品同台竞争，从之前的专用为主发展到今天的通用为主，年销售量达到数亿颗。国产半导体存储器实现零的突破，三维闪存和DRAM进入量产，技术接近国际先进水平。国产FPGA芯片全面进入通信和整机市场，在关键时刻起到决定性的支撑作用。国产电子设计自动化（Electronic Design Automation，EDA）工具领域，继模拟全流程设计工具进入市场参与竞争后，在数字电路流程上也形成了一系列重要的单点工具。我国芯片设计业的研发水平也在不断提高，在产业持续进步的同时，芯片设计技术的提升也可圈可点。之前在电气与电子工程师协会国际固体电路会议（IEEE International Solid-State Circuits Conference，ISSCC）上很少看到来自中国的论文，但从2016年起，论坛收录中国大陆论文数量年均增长114%，涵盖技术领域从5个增加到10个，这充分展现了我国在芯片设计领域科研工作取得的显著成果。尽管取得一系列成绩，但我国集成电路设计业依然存在许多问题需要改进，中国芯片设计业的发展与需求相比还存在很大差距。尽管进步很快，但"需求旺盛，供给不足"仍将是我国集成电路面临的长期挑战。产品创新严重不足，竞争力弱。同时，还面临着研发投入严重不足和人才短缺严重等问题。

■ （2）集成电路制造业

按照区域划分，集成电路制造产业重心是长三角，还有京津冀、环渤海地区、中西部。从产业链的角度看，制造业的技术得益于国家重大专项的支持，制造技术按照节点在持续向前推进，12英寸的主流技术，14nm量产，7nm进入试产阶段。早期布局的特色工艺已经开始具有国际竞争力。同时，主流工艺也随着新的工艺品种、品类的开发挖掘之后，现在的系列也在提高，市场竞争力也在逐步增强。本土集成电路装备在经历研发阶段和用户考核阶段后，随着市场机遇的到来，正在迎来一个非常大的增长。当前，国内从系统应用、芯片设计、制造装备、材料等方面正在建立起协同发展的良性生态。

■ （3）集成电路封装测试业

封装是集成电路制造的后道工艺，集成电路封装是把通过测试的晶圆进一步加工得到独立芯片的过程，目的是为芯片的触点加上可与外界电路连接的端子，使之可以与外部电路连接。同时，封装能够为芯片加上一个"保护壳"，防止芯片受到物理或化学损坏。在封装环节结束后的测试环节会针对芯片进行电气功能的确认。在集成电路的生产过程中，封装与测试多处在同一个环节，即封装测试过程。根据前瞻产业研究院发布的《2022年中国集成电路封装行业全景图谱》所言，随着集成电路规模的迅速成长，芯片间数据交换也在成倍增长。传统的双列直插封装（Dual in-Line Package，DIP）、表面贴装技术（Surface Mounted Technology，SMT）等封装方式已经不能满足巨大的数据量需求，因此球状端子栅格阵列（Ball Grid Array，BGA）、系统级封装（System in a Package，SIP）、多芯片组件（Multi-Chip Module，MCM）等先进封装技术应运而生。未来随着摩尔定律的逐步失效，3D堆叠封装将成为未来的发展方向。封装技术三大关键趋势为"封装小型化""端子数提高"和"低成本化"。随着集成电路的复杂化，单位体积信息的提高和单位时间处理速度越来越高，随之而来的是封装产品端子数的提高。同时，封装材料的变化为行业带来新趋势，能够实现低成本化的底板材料纷纷亮相。另外，电子产品小型化，必将驱动先进封装技术的快速发展，拥有先进封装技术的公司也将占有市场优势。近几年来，随着国内本土封装企业的快速成长以及国外半导体公司向国内大举转移封装能力，中国的集成电路封装行业得到有力发展。随着半导体芯片制程的推进，先进封装需求不断增加，芯片级封装（Chip Scale Package，CSP）和

3D封装技术成为目前封装业的热点和发展趋势。特别对于3D封装技术，目前国内外封装公司处于同一起跑线，因此，未来我国的3D封装技术具有广阔的前景。

1.6 产业发展模式

半导体产业是一个充分竞争的产业，行业分工越来越细，经过70余年的发展，现如今半导体厂商大致可分为三种类型：

① IDM（有工厂的半导体公司），设计、制造与销售自有芯片，如英特尔、三星电子、德州仪器等。

② Fabless（无工厂的半导体公司），只负责芯片的电路设计与销售，将生产、测试、封装等环节外包，如ARM、高通、联发科、华为海思、威盛、瑞昱等。

③ Foundry（代工厂），只制造芯片，不进行芯片设计与销售，如台积电、台联电、中芯国际等。

在全球化的背景下，半导体产业也是一个"赢者通吃"的产业，在一些细分应用领域，头部企业占据了大部分的市场份额，留给后来者的门槛则越来越高。但当前逆全球化的趋势，正在给后来者提供宝贵的上车机会。

① 桌面CPU领域，主要集中在英特尔、AMD两家。龙芯、上海兆芯等的国产桌面CPU也正在迎头追赶。

② 存储器领域，主要集中在三星、海力士两家。长江存储、合肥长鑫在各自细分领域已经达到世界先进水平。

③ EDA工具领域，主要集中在Cadence、Synopsys、Mentor三家。华大九天在模拟领域已经能够实现国产替代。

④ 光刻机领域，能生产高端光刻机的厂商只有荷兰的ASML。上海微电子已经量产90nm光刻机，正在研发28nm光刻机。

参考文献

[1] 张卫. 一路"芯"程——集成电路的今昔与未来[M]. 上海：上海科学普及出版社，2022.

[2] 谢志峰，陈大明. 芯事：一本书读懂芯片产业发展史[M]. 上海：上海科学技术出版社，2018.

[3] 冯锦锋，郭启航. 芯路：一书读懂集成电路产业的现在与未来[M]. 北京：机械工业出版社，2020.

[4] 中国半导体行业协会. 2021年中国集成电路产业运行情况[EB/OL]. http://www.csia.net.cn/Artile/ ShowInfo. asp?InfoID =107455.

[5] IC Insights. The McClean Report[EB/OL]. https://www.icinsights.com/services/mcclean-report/report-contents.

[6] 韩立锟. CMOS有源像素电荷传输机理与噪声研究[D]. 天津：天津大学，2016.

[7] 李扬. 基于流水线像素控制的高速低噪音低功耗CMOS图像传感器研究[D]. 长春：中国科学院大学（中国科学院长春光学精密机械与物理研究所），2021.

[8] 刘竑. 三维NAND闪存字线控制研究与改进[D]. 西安：西安电子科技大学，2020.

[9] Goda, A. Recent Progress on 3D NAND Flash Technologies [J]. Electronics, 2021, 10, 3156.

习题

1. 从集成电路发展历史中能够发现什么样的科学发展规律？

2. 集成电路已深度融入人类社会的方方面面，除本章内容外，请再列举3～5个集成电路应用的具体实例。

3. 集成电路产业是人才、技术、资金密集型的产业，发展到今天，你觉得还有哪些产业机会？

4. 微处理器通常包括服务器CPU、桌面CPU和嵌入式CPU，请选择其中一个领域，调研国产微处理器产品的现状及发展趋势。

5. 存储器一直是半导体集成电路的重点研发领域，请选择FLASH或DRAM中的一种，调研国产存储器产品的现状及发展趋势。

6. 图像传感器是半导体集成电路的重要应用之一，请选择CCD或CMOS中的一种，调研国产图像传感器产品的现状及发展趋势。

7. 针对AI领域，请调研至少一款AI专用集成电路，给出其功能及应用领域。

第 2 章

集成电路制造工艺

▶▶ **思维导图**

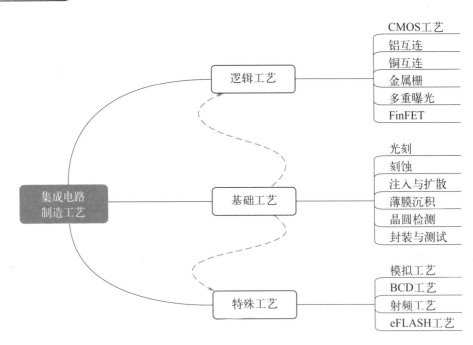

集成电路的制造工艺过程包含光刻、刻蚀、离子注入、扩散、薄膜沉积、化学机械抛光、测试等十分复杂的步骤，具体过程可参看半导体制造工艺类的相关书籍。本书将从宏观角度介绍当前主流集成电路制造工艺的特点和相互之间的差异，使读者对底层制造技术有一个宏观上的清晰认识。本章在介绍集成电路制造工艺的基础上，对逻辑工艺、模拟工艺、BCD工艺、射频工艺、eFLASH工艺做了简单介绍。每种工艺特点不同，用途不同，在开展具体的集成电路设计前，设计者必须选用正确的工艺才能实现设计目的。

2.1 半导体材料

半导体材料按照出现的先后及应用范围，大致可分为三代。每代半导体材料根据自身特点其应用范围不尽相同，甚至差异较大。

第一代半导体材料主要指硅（Si）、锗（Ge）半导体材料。主要用于制作现代信息产业中普遍使用的中央处理器（CPU）、芯片组、存储器、编解码芯片、数模和模数转换器、驱动电路、功率器件等，是应用最为广泛的半导体材料。

第二代半导体材料主要指化合物半导体材料，如砷化镓（GaAs）、锑化铟（InSb）等。主要用于制作高速、高频、大功率以及发光电子器件，是制作高性能微波、毫米波器件及发光器件的优良材料。

第三代半导体材料主要指碳化硅（SiC）、氮化镓（GaN）、氧化锌（ZnO）等半导体材料。主要应用为半导体照明、电力电子器件、激光器和探测器等。当前第三代半导体材料已经从实验室研发阶段逐步走向产业化阶段。

由于工艺成熟，相对成本低，当前绝大多数集成电路产品都是基于第一代半导体材料，特别是硅材料。第二代和第三代半导体材料更多地用于制造高性能的分立器件，当然也有用于一些集成电路的相关研究。因此，本章后续内容均为基于硅材料的集成电路工艺。

2.2 基础工艺

本节对半导体制造工艺中一些关键基础工艺从工作原理、现状及发展趋势角度做简要介绍，后续介绍当前主流半导体制造工艺特点和相互之间的差异时，就不再重复讲解基础工艺部分。

2.2.1 光刻

光刻就是应用光化学反应原理，将掩膜版图形转移到晶圆表面的光刻胶上，再通过刻蚀方法在半导体晶圆表面形成图形的工艺技术。图2-1为浸润式光刻原理示意图，光源照射掩膜版，穿过其镂空区域，经聚焦后照射到晶圆表面的光刻胶上。被照射的光刻胶发生光化学反应，未被照射的光刻胶保持原状态，此过程称为曝光。再经后处理和刻蚀，即可在晶圆表面得到设计图形。

光刻原理起源于印刷技术中的照相制版，分为光学光刻和粒子束光刻，其中光学光刻是目前半导体制造的主流技术。光刻机作为光刻技术的主要设备，主

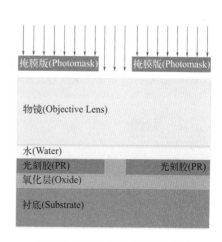

图2-1　浸润式光刻原理示意图

要由光源、照明系统、机械及控制系统、投影物镜系统等组成。光刻机的光学分辨率越高，晶圆上的图形的最小尺寸就可以越小。

人们通常用如下所示的瑞利公式来计算光刻系统的分辨率。由下式可知，改进光学分辨率主要有四种方法：改进工艺，降低工艺因子 k；降低光源波长 λ；提高介质折射率 n；增大物镜孔径角 α。

$$R = k(\lambda/n)/\sin\alpha = k\lambda/NA$$

式中，k 为工艺因子（一般为 0.25 ～ 0.4）；λ 为光源波长；n 为物镜与光刻胶之间介质的折射率；α 为物镜的孔径角，$NA = n\sin\alpha$ 也被称为数值孔径。

在20世纪80年代，光刻机制造商主要使用高压汞灯光源，其波长有436nm和365nm两种，属近紫外光谱范围（NUV），并在芯片上实现了350nm的最小特征尺寸。随着技术的进步，光源波长进一步降低到248nm、193nm、157nm的深紫外光谱范围（DUV）。通过优化工艺和数值孔径等方法，DUV光刻机的极限最小特征尺寸达到65nm之后就无法继续降低了。2002年，台积电的林本坚提出浸润式方案，就是在物镜下方和晶圆之间填充水。由于水的折射率为1.44，而空气的折射率为1，因此浸润式方案可使193nm的光经折射后，等效波长降低到134nm，从而实现更小的特征尺寸。随后荷兰的ASML公司在2003年成功推出第一台浸没式光刻机。由于157nm的光在水中的穿透率很差，故无法采用浸润式方案。因此现在的浸润式DUV光刻机使用的光源都是193nm。浸润式DUV光刻机的极限特征尺寸可达45nm，通过多重曝光技术其特征尺寸可进一步降低到10 ～ 20nm，能够满足现有大部分的数字集成电路和全部模拟集成电路的需求。由于核心浸润式技术主要来自台积电，所以美国在DUV领域不具备统治地位，ASML向中国出售浸润式DUV光刻机也无须得到美国授权。

20世纪90年代，大家都在寻找193nm光源的替代技术，提出了包括157nm光源、电子束、离子束、X射线和极紫外（EUV）光源等，目前来看EUV是成功的。1997—2003年间，由Intel和美国能源部牵头，集合了摩托罗拉、AMD、ASML，以及美国三大国家实验室组成的EUV联盟，对EUV光刻机技术进行了大量研究，证明了EUV光刻机的可行性。ASML在2006年推出EUV光刻机原型机，但直到2015年才造出了可量产的机型。EUV光刻机光源的波长仅为13.5nm，这大幅提升了光刻机的分辨率，是目前7nm及以下半导体制造工艺用光刻机的唯一选择。

目前，中国的上海微电子装备股份有限公司已经能够制造出分辨率达到90nm的量产DUV光刻机，正在向更小的工艺节点进发。光刻工艺可以说是半导体制造中的核心技术，光刻机则是核心设备，国内外今后在这方面的研发都将持续相当长的时间。

2.2.2 刻蚀

光刻工艺之后，通常就是刻蚀工艺。刻蚀工艺是用物理或者化学方法对硅片上的材料进行有选择性地去除。图2-2为刻蚀原理示意图，（a）～（f）为完成一次光刻和一次刻蚀的具体步骤。

刻蚀工艺一般分为湿法刻蚀和干法刻蚀。理想的刻蚀必须具有以下特点：各向异性刻蚀，即只有垂直刻蚀，没有横向钻蚀；良好的选择性，即对目标材料的刻蚀速率远大于对其

(a) 准备好的晶圆

(b) 在晶圆表面涂覆光刻胶

(c) 未被掩膜版遮蔽的区域经光刻机曝光

(d) 去除曝光部分的光刻胶

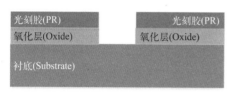

(e) 刻蚀氧化层

(f) 去除剩余光刻胶

图2-2　刻蚀原理示意图

他材料的刻蚀速率；容易控制，成本低，对环境污染少，均匀性好，效率高，适用于工业化生产。

湿法刻蚀的原理是通过使用特定的化学溶液与要被刻蚀的材料发生化学反应，进而除去没有被光刻胶所覆盖的区域。湿法刻蚀所需设备简单、成本低，因只对某种化学成分的材料发生化学反应，而对其他材料则不会发生化学反应或相对非常弱，故选择性强。由于各个方向均可发生化学反应，湿法刻蚀表现出各向同性，且不易控制刻蚀速度，因此不适用于小尺寸结构器件的刻蚀。

干法刻蚀研究始于20世纪70年代，干法刻蚀按照作用机理可分为物理刻蚀和物理化学刻蚀两大类。离子铣，也称为离子束刻蚀，其工作原理是惰性气体分子在外部能量作用下（如射频、微波等）形成等离子体，经聚焦和加速后形成离子束撞击晶圆表面，通过物理撞击达到刻蚀目的。因为过程与化学反应无关，因此离子铣对任何材料都可做到各向异性刻蚀，其缺点是选择性差，刻蚀速度慢。

等离子刻蚀基本原理是反应气体在外部能量作用下形成具有强化学活性的等离子体，在电场的加速作用下轰击晶圆表面，这些离子与材料表面相互作用导致表面原子产生化学反应，生成可挥发产物随真空抽气系统排出。随着材料表层的"反应—剥离—排放"的周期循环，材料被逐层刻蚀到指定深度。除了表面化学反应外，带能量的离子轰击材料表面也会使表面原子溅射，产生一定的物理刻蚀效果。因此，等离子刻蚀是物理和化学刻蚀两者的结合。等离子刻蚀速度快、选择性好、损伤小，是当前半导体制造工艺采用的主流技术。

过去全球刻蚀机市场长期被泛林半导体、东京电子、应用材料三大巨头占据，行业集中度高。随着国内以中微公司和北方华创为代表刻蚀机企业的崛起，目前国产刻蚀机技术已经达到国际一流水平，台积电和三星两家公司量产的5nm芯片工艺就使用了中微公司的等离子体刻蚀机。北方华创的刻蚀机也已突破14nm，并在生产线上大量应用。

2.2.3 注入与扩散

离子注入即一种元素的离子被加速射向固体目标并进入固体内部，从而改变固体目标的物理、化学或电性能，其工作原理如图2-3所示。通过离子注入的方式，用硼、磷或砷等元素对半导体进行掺杂，可以改变半导体的类型。当注入的是硼离子时，经电中和后，取代硅原子位置的硼原子会引入一个空穴；当注入的是磷离子时，经电中和后，取代硅原子位置的磷原子则会引入一个电子。空穴和电子的引入，改变了半导体硅的物理性能和电性能。掺杂硼原子的半导体硅，被称为P型半导体；掺杂磷原子的半导体硅，被称为N型半导体。通过调整注入剂量，还可精细调整半导体的导电特性。

离子注入是一个低温过程，离子在半导体中的穿透深度取决于离子的类型和入射能量等。入射离子在进入半导体后，由于与固体中原子的碰撞等原因，逐渐失去能量并留在其中。从半导体硅的晶格结构上看，<110>方向（晶格中原子排列的方向）比其他方向提供的阻挡要低得多，这也就是硅衬底都选择让<110>方向垂直于硅表面的原因。即便如此，典型情况下，离子注入的深度也只有10nm ～ 1μm的范围。因此离子注入仅能实现目标表面的掺杂。

离子注入过程中会由于碰撞等原因造成晶格缺陷。如空位，即未被原子占据的晶格点；间隙，即原子占据了非晶格点的位置等。这些是人们不希望看到的，所以离子注入加工后往往要进行热退火处理，以修复损伤和缺陷。一些有毒材料，如砷化氢和磷化氢，经常被用于离子注入。其他常见的致癌性、腐蚀性、可燃性或有毒元素还有锑、砷、磷和硼等。此外，高能量的离子碰撞可以产生X射线，在某些情况下还会产生其他电离辐射。因此，离子注入设备需要高度自动化，有很好的安全保障措施。

全球高端离子注入机市场主要被美国应用材料公司、美国亚舍立科技公司和日本Sumitomo公司占据。目前，中国厂商凯世通、中科信已完成12英寸晶圆生产线上的工艺验证。

离子注入形成的结都比较浅，要想形成深结，必须应用扩散工艺。扩散一般是将离子注入后的晶圆放入温度可精确控制的高温石英管炉中，利用杂质的浓度梯度导致的扩散效应，将杂质进一步推到晶体更深的位置，其工作原理如图2-4所示。对于硅的扩散而言，常用的温度范围一般在800 ～ 1200℃。除离子注入可作为扩散杂质源外，也有气体杂质源和液体杂质源等不同形式。

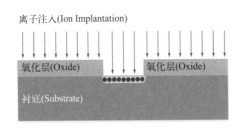
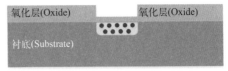

图2-3　离子注入原理示意图　　　　图2-4　扩散原理示意图

2.2.4 薄膜沉积

芯片制造过程实际上就是在衬底上制作各种微结构。以MOSFET为例，栅、栅下方的介质层、用于隔离的氧化层、用于器件互连的金属层等，都是通过沉积的方式，将其一层一层制造出来的，这些薄层在制造中统称为薄膜，如图2-5所示。其中有一个例外，就是场氧化层，其工艺是在衬底上直接发生氧化反应生成的，虽然也属于薄膜，但却不是通过沉积方式生成的。薄膜沉积工艺可分为物理气相沉积（Physical Vapor Deposition，PVD）和化学气相沉积（Chemical Vapor Deposition，CVD）两大类。PVD是指通过物理过程实现靶材原子或分子在晶圆表面沉积形成薄膜的工艺。CVD是指通过混合气体的化学反应在晶圆表面沉积形成薄膜的工艺。

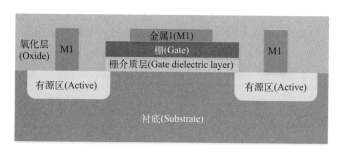

图2-5　MOSFET结构中的薄膜

■　（1）PVD

电子束蒸发，通常称为蒸发，是PVD的一种。该工艺通常使用电磁场加速和聚焦电子束来轰击加热靶材，电子的轰击会产生足够的热量来蒸发具有非常高熔点的各种材料。在常规的电子束蒸发下，腔室的压力会降到尽可能低的水平，以防止背景气体与靶材本身发生化学反应。电子束蒸发的靶材可以是金属，也可以是电介质类型的材料。

溅射沉积，通常称为溅射，也是PVD的一种。磁控溅射是一种基于等离子体的薄膜沉积工艺，其通常在真空条件下使用电磁场加速和聚焦高能粒子轰击靶材，从目标上溅射出靶材原子，然后沉积到晶圆表面。溅射靶材包括各种金属和电介质材料。与蒸发工艺相比，溅射工艺由于采用高能粒子轰击，因此溅射出的靶材原子具有更高的能量，在沉积速度，均匀性、附着力、致密性等指标上，要好于蒸发工艺。因此，除了一些早期的工艺仍在使用蒸发外，现在半导体制造工艺大多采用溅射工艺沉积金属薄膜，如铝（Al）、铜（Cu）、金（Au）、铬（Cr）等金属。

■　（2）CVD

CVD的种类很多，区别主要在启动化学反应的方式上不同。下面仅以等离子体增强化学气相沉积（Plasma-Enhanced Chemical Vapor Deposition，PECVD）、低压化学气相沉积（Low Pressure Chemical Vapor Deposition，LPCVD）和原子层沉积（Atomic Layer Deposition，ALD）为例加以介绍。

PECVD是将反应气体引入平行电极之间，通过电容耦合电场将反应气体激发成等离子体，从而诱发化学反应并导致反应产物沉积在晶圆表面。PECVD的一个基本特征是实现了薄膜沉积工艺的低温化（<450℃），可生成二氧化硅（SiO_2）、氮化硅（Si_3N_4）和氧氮化硅（SiON）薄膜等，也可用于沉积铝、铜等金属。

LPCVD通过加热的方式启动化学反应，并将反应产物沉积在晶圆表面。低压被用来增加沉积的均匀性，同时减少不必要的气相反应。多晶硅、氮化硅、氧氮化硅和二氧化硅等都可以使用LPCVD进行沉积。与PECVD和PVD技术生产的薄膜相比，LPCVD薄膜通常更均匀，缺陷更少，并表现出更好的阶梯覆盖性。LPCVD的缺点是它需要更高的温度，这对晶圆上可以使用的材料类型造成了限制。

ALD依赖于两种或更多的互补反应物，它们交替脉冲式通入反应室中。反应物与接触表面发生自限性的化学反应，即在所有可用的表面点位都发生反应后反应停止，每次反应只沉积一层原子。如此，晶圆可以被暴露在足够的反应物中，以确保在所有可用的表面点位完全反应，甚至在深沟的底部和侧壁上。每次ALD循环可完成一次生长，重复ALD循环，薄膜才能继续生长。因此，薄膜的厚度是由循环次数控制的，而不是像传统CVD工艺那样是由沉积时间控制的。ALD允许对薄膜厚度和均匀性进行极其精确地控制。与其他CVD相比，ALD薄膜生长非常缓慢，适合非常薄的薄膜生长，比如1nm以下的薄层。在半导体制造工艺中，ALD可用于生成薄的、高介电常数的栅极介质层，如氧化铝（Al_2O_3）、氧化铪（HfO_2）和氧化钛（TiO_2）等。

2.2.5 晶圆检测

在芯片制造过程中，几乎每一步主要工艺完成后都需要进行检测，目的是监控工艺质量，并在发生问题时，帮助工程师分析和定位问题根源，采取修正措施，以达到稳定工艺质量、提升产品良率的目的。此外，改进工艺或新工艺的开发，同样需要通过测试给出其质量评价。晶圆检测主要包括检和测两类。检的目的是识别并定位晶圆表面存在的沾污、划伤、缺陷等问题。测的目的是测量工艺参数是否符合设计要求。下面对几种主要检测方法做简单介绍。

■ （1）光刻套准

集成电路的各种微结构图形就是用多个光刻掩膜版按照特定的顺序，在晶圆表面一层一层光刻形成图形并加工出来的。每层光刻版之间的相对位置必须精确对准，否则将导致电路性能下降甚至失效。光刻套准测量实际上就是用于定位光刻版与晶圆表面相对位置的测量。当前先进工艺的最小尺寸越来越小，使用的光刻版数量越来越多，这就对套准测量的精度提出了越来越高的要求。人们对光刻套准技术进行了持续的研发，精度由微米级到纳米级，已经成为当前先进光刻机的核心技术之一。

■ （2）特征尺寸

芯片制造过程中会涉及各种尺寸：衬底的厚度、PN结的深度、有源区面积和周长、多晶硅栅的宽度和厚度、金属连线的宽度和厚度、氧化物膜的厚度、MOSFET沟道长度等。特征尺寸是指半导体器件中的最小尺寸。在CMOS工艺中，器件中的最小尺寸往往就是

MOSFET的栅的最小线宽，即MOSFET的最小沟道长度，如图2-6所示。特征尺寸的大小往往取决于芯片制造工艺和设备，比如光刻设备的分辨率。前面提到的工艺节点就是特征尺寸，二者仅是说法上的不同。一般来说，特征尺寸越小，芯片的集成度越高，性能越好，功耗也越低。

对特征尺寸进行测量的目的是达到对工艺线宽的精确控制。可见光学显微镜的分辨率受到光波长的限制，分辨率通常大于200nm。这个级别的分辨

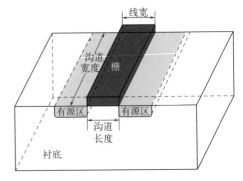

图2-6 MOSFET结构示意图

率只能用于晶圆表面的沾污、划伤、缺陷等的检测。高速电子的波长比可见光的波长短得多，电子显微镜的分辨率可达0.2nm，远高于光学显微镜的分辨率。因此，先进工艺通常使用扫描电子显微镜测量特征尺寸。

■ （3）掺杂浓度

杂质的掺杂浓度和分布对半导体的性能有重要影响。通常有三种方法来表征掺杂层的特征：电阻测量（四探针和范德保罗测量方法）、扩展电阻测量（Spreading Resistance Measurements, SRP）和二次离子质谱（Secondary Ion Mass Spectroscopy, SIMS）。电阻测量非常容易实现，而且是无损的。然而，它只能提供关于掺杂原子总数（剂量）的信息和掺杂物分布的基本信息（掺杂概况）。其他两种方法，SRP和SIMS，都能提供完整的掺杂物概况。但这些技术的实施成本较高，而且都需要在测量过程中破坏样品。

■ （4）薄膜表征

芯片制造过程中需要制作各种类型的薄膜，这些极薄涂层的厚度会影响芯片的电气、光学和力学性能。对于芯片制造来说，要么沉积导电的金属薄膜，要么沉积非导电的介质薄膜或涂覆聚合物薄膜。业内一般使用四探针法通过测量方块电阻来计算金属薄膜的厚度，使用椭偏仪通过测量反射光偏振性质与入射光偏振性质的改变来计算介质薄膜的厚度、折射率等。

在晶圆表面上沉积多层薄膜而引入的膜应力可能会导致表面发生形变，进而影响工艺质量。芯片制造过程中一般使用扫描电子显微镜或原子力显微镜通过分析曲率半径的变化来进行膜应力测试，此种技术可用于包括金属和聚合物在内的各种标准薄膜。

■ （5）中测

芯片制造的最后一道工序是对晶圆上的所有芯片进行电学测试，从而标记不合格芯片，在划片后，封装前将其淘汰，通常被称为中测。业内一般使用探针卡来连接芯片和自动测试设备，通过编程实现芯片的功能测试、结构测试、直流测试、交流测试等。

2.2.6　封装与测试

晶圆上的芯片被制造出来后，经过中测和划片，将合格的芯片分离出来。封装就是将一个或多个分立的半导体器件或集成电路芯片加一个金属、塑料、玻璃或陶瓷的外壳，并提供与外部连接的电气通路，如图2-7所示。封装可以保护芯片免受机械冲击、化学污染和光线照射等威胁，还可通过端子与印刷电路板连接，从而构成电子系统的一部分。

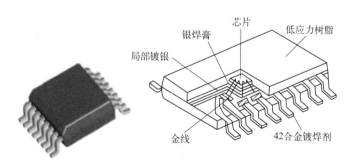

图2-7　封装示意图

■ （1）常用封装

当前有数以千计的封装类型正在使用，封装标准可以由国家或国际行业协会定义，如IPC（Institute of Printed Circuits）、JEDEC（Joint Electron Device Engineering Council）等，也可能是单一制造商的专利。常用封装类型可分为两大类：通孔插入式（Through-Hole）和表面贴装式（Surface-Mount）。通孔插入式即是指将封装端子插入印刷电路板（PCB）的通孔中并进行焊接，如双列直插式（Dual in-Line Package）、端子栅格阵列（Pin Grid Array）等。表面贴装式是指将封装直接安装并焊接在PCB的表面，如扁平封装（Flat-Pack）、球状栅格阵列（Ball Grid Array）等。

■ （2）特殊封装

芯片封装也可能包含一些特殊功能。通常芯片为避免受到杂散光的干扰，需要不透明的封装，但如果是发光或感光器件，则必须在封装中设置透明的窗口。紫外线可擦除的可编程只读存储器器件就需要一个石英窗口，以允许紫外线进入并擦除存储器。压力感应芯片需要在封装上开一个端口，以允许连接到气体或液体压力源。微波频率器件的封装则要求其引线具有非常小的寄生电感和电容。

通常每个封装内只有一颗芯片，但也有多颗芯片的封装，被称为混合集成电路封装，即多颗芯片或分立元件被集成在一个统一的基片上，并通过导线进行互连。当体积、速度等性能指标要求已经超出单片集成电路的性能时，或在同一封装中混合模拟和数字功能时，就会使用这种封装。当前在封装领域的一个热点是三维集成电路封装（3D IC），其制造方法是将芯片堆叠在一起，并利用例如硅通孔（TSV）或铜-铜连接进行垂直互连，从而使它们表现为单一器件，以实现性能改进，与传统的二维工艺相比，功耗更低，面积更小。

■ （3）终测

封装后的芯片需要经过严格的测试，合格后方能出厂，这被称为终测。与中测时使用探针卡连接芯片接触点进行测试不同，终测是对封装后的芯片进行测试，即通过封装端子进行测试，测试起来方便得多。在终测，所有的芯片都要进行功能测试、结构测试、直流测试、交流测试等，合格后方可出厂。除此之外，还要挑选样品进行老化测试，以监控芯片在极限条件下的性能等。

2.3 逻辑工艺

人类生存的物理世界从微观上看是量子的，从宏观上看是连续的，人类自己又创造了一个虚拟的数字世界来反映真实的物理世界。通常人们生活中所感知的电压、电流、温度、速度等物理量在时间轴上是连续变化的，属于宏观的物理世界，被称为模拟量。直接处理模拟信号的电路被称为模拟电路。将模拟信号数字化，即将时间上连续的模拟量转换为离散的数字量，就属于数字世界了。直接处理数字信号的电路被称为数字电路或逻辑电路。

数字集成电路中，通常由MOSFET器件构成标准逻辑单元（与、或、非、异或等逻辑）和寄存器单元等，再由这些标准单元组合构成复杂的数字集成电路，如图2-8所示。逻辑工艺即制造CMOS数字集成电路的芯片制造工艺，如CPU、GPU、音视频处理芯片、通信芯片等都要使用到逻辑工艺。当前逻辑工艺的工艺节点基本在3～350nm，不同公司相同工艺节点所采用的工艺不尽相同，但工艺节点越小，通常MOSFET的密度越大，也就是集成度越高。关于CMOS数字集成电路是如何通过逻辑工艺制造出来的，可参看半导体制造类相关书籍。本书选取逻辑工艺发展的一些重要节点技术加以介绍，以使读者对逻辑工艺的发展和现状有一个更加宏观的认识。

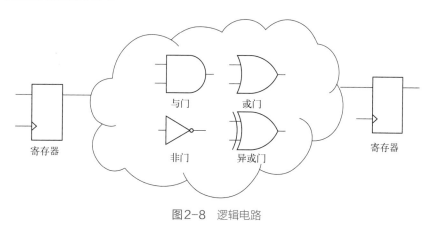

图2-8　逻辑电路

2.3.1　CMOS工艺

CMOS工艺使用互补和对称的P型和N型MOSFET来实现逻辑功能，如图2-9所示。CMOS电路通常由上拉网络(PUN)和下拉网络(PDN)组成，其中PUN仅有PMOS管，PDN中仅有NMOS管。PUN和PDN是互补设计，即在逻辑运算后，仅有一个网络导通，输出或者通过PUN接电源，或者通过PDN接地。在输出结果稳定期间，上下网络不会同时导通，这大大降低了电路的功耗，因此标准CMOS电路是当前数字集成电路普遍采用的电路结构。标准CMOS工艺即制造CMOS电路的芯片制造工艺。

图2-10为CMOS反相器的简化工艺流程。

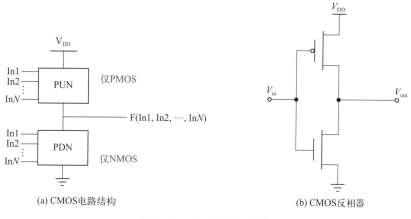

(a) CMOS电路结构　　　　　　　(b) CMOS反相器

图2-9　CMOS逻辑电路

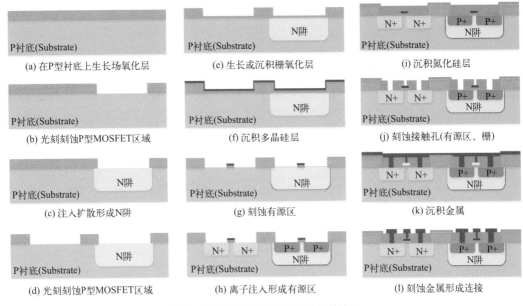

(a) 在P型衬底上生长场氧化层	(e) 生长或沉积栅氧化层	(i) 沉积氮化硅层
(b) 光刻刻蚀P型MOSFET区域	(f) 沉积多晶硅层	(j) 刻蚀接触孔(有源区、栅)
(c) 注入扩散形成N阱	(g) 刻蚀有源区	(k) 沉积金属
(d) 光刻刻蚀P型MOSFET区域	(h) 离子注入形成有源区	(l) 刻蚀金属形成连接

图2-10　简化的CMOS制造工艺流程

2.3.2　铝互连

铝用作互连线，有以下优点：① 低电阻率，有利于降低损耗，提高速度；② 可与硅衬底形成低阻的欧姆接触；③ 与绝缘介质 SiO_2 有良好的附着性；④ 耐腐蚀；⑤ 易于沉积和刻蚀；⑥ 易于键合，且键合点能长期工作；⑦ 能在其熔点（933K）一半左右的温度下正常工作。由于这些优势，铝一直是半导体工业中薄膜互连线的首选材料。在集成电路工艺中，铝被用作互连线已经有四十多年的历史了，如图2-11（a）所示。由于铝互连线同时具有较低的熔点和较高的扩散系数，导致其抗电迁移性能较差（电迁移是指在高电流密度作用之下，集成电路互连线中的金属原子按照与电子运动的相同方向进行迁移）。随着集成电路密度不断向深亚微米缩小，集成电路中的铝互连线薄膜越来越细，所承受的电流密度也越来越大，其电迁移造成的可靠性问题变得越来越严重，如图2-11（b）所示。

中芯国际逻辑工艺中，350nm（1P5M，1层多晶硅5层金属）、250nm（1P5M）、180nm（1P6M），台积电180nm，华虹宏力的180nm（1P6M）、130nm（1P7M）、90nm（1P7M）均采用铝互连。

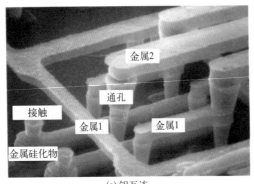

(a) 铝互连

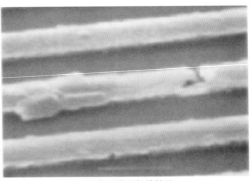

(b) 电迁移引起的缺陷

图2-11　铝互连

2.3.3　铜互连

铜的熔点远高于铝,因此铜用作互连线更不容易发生电迁移。和铝相比,铜电阻率更小,也就是导电性更好,因此铜互连线的延时更小。铜用作互连线也有两个主要缺点:一是铜与二氧化硅绝缘层的黏附性差;二是在铝互连上使用的等离子体刻蚀技术无法应用于铜互连线的刻蚀。这两个缺点也是铜互连早期不被看好的主要原因。

铝互连工艺通常先铺一层铝,通过光刻、等离子体刻蚀留下需要的金属连线,再沉积二氧化硅进行填充,最后进行化学机械抛光,如图2-12(a)所示。为解决铜的刻蚀问题,铜镶嵌工艺被开发出来。铜互连工艺先沉积二氧化硅,通过光刻、等离子体刻蚀留出金属连线的沟槽(这里刻蚀的是二氧化硅,而非金属铜),再电镀铜形成铜互连线,最后进行化学机械抛光留下铜互连线及二氧化硅绝缘层,如图2-12(b)所示。由于这种工艺与古代大马士革工匠的镶嵌工艺类似,故被称为大马士革工艺。另外,通过在铜和二氧化硅之间增加黏附层(如金属钽),铜黏附性差的问题也被解决了。

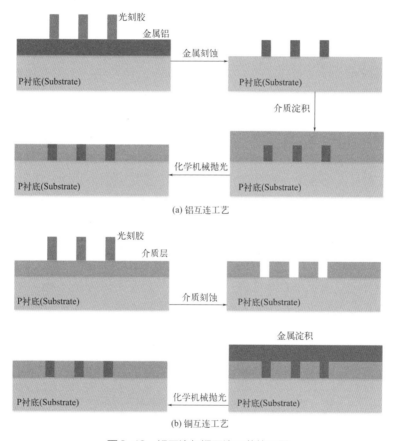

图2-12　铝互连与铜互连工艺的不同

随着晶体管特征尺寸的不断减小,金属互连线的尺寸和间距也在随之减小,而互连线的电阻和相邻金属互连线间的耦合电容则会不断增大。为了降低互连线的电阻,业界已经使用金属铜来替代铝。为进一步降低耦合电容的大小,业界开发了使用掺有氟和碳的二氧化硅替代纯二氧化硅,以减小金属之间绝缘介质的介电常数,从而减小耦合电容的大小。铜互连结合低介电常数绝缘材料的半导体制造工艺应运而生。1998年9月1日,IBM宣布推出世界上第一个采用铜互连的微处理器。这个微处理器过去一直采用标准的铝互连工艺，运行速度为300MHz。采用铜互连工艺后，电路的运行速度达到了400MHz，足见铜互连的优点非常明显。

中芯国际逻辑工艺中，130nm（1P8M）就采用了铜互连工艺；中芯国际90nm（1P9M）及以下工艺节点，台积电130nm及以下工艺节点均采用了铜互连结合低介电常数的工艺。

2.3.4 金属栅

1959年，Mohamed M. Atalla和Dawon Kahng在贝尔实验室发明了第一个MOSFET，其栅极材料用的是金属铝。铝栅工艺在20世纪70年代非常普遍。由于金属铝无法耐受高温，限制了后续高温工艺（例如退火）的使用。工业界后来使用多晶硅材料（高掺杂使其电阻较低）取代铝作为MOSFET的栅极材料。多晶硅可以通过化学气相沉积（CVD）获得，并能容忍后续的高温制造工艺（超过900～1000℃），这进一步促进了芯片制造工艺的发展。然而，掺杂的多晶硅不能提供类似金属的近零电阻，因此对于MOSFET栅极的充放电并不理想，是妨碍电路速度变得更快的原因之一。

从45nm节点开始，金属栅极技术回归。金属栅极的材料有：NMOS的氮化钽（TaN）和氮化钛（TiN）等；PMOS的氮化钨（WN）和氮化钼（MoN）等。这些材料的熔点均远大于1000℃，甚至在2000℃以上。这些高熔点金属材料的应用，使得金属栅极技术得到了重新应用，并进一步改善了MOSFET的开关速度。

几十年来，二氧化硅（SiO_2）一直被用作栅极氧化物材料。随着MOSFET尺寸的不断减小，为提高栅极的控制能力，二氧化硅栅极电介质层的厚度也在稳步下降。当厚度低于2nm时，隧道效应引起的漏电流急剧增加，导致MOSFET的高功耗和可靠性降低。用高介电常数的材料代替二氧化硅作为栅极电介质，可以在栅极厚度不变的情况下，增大栅电容密度，从而减少漏电流，提高栅极的控制能力。

自20世纪90年代以来，工业界已经采用了氮氧化物栅极电介质，即在传统形成的二氧化硅电介质中注入少量的氮，氮化物的含量巧妙地提高了介电常数。2000年，美光科技公司的Gurtej Singh Sandhu和Trung T. Doan开始开发用于DRAM存储器的原子层沉积高介电常数薄膜。2007年初，英特尔宣布将铪基高介电层与金属栅极结合起来，用于其45nm技术的元件。当前，在芯片制造工艺中，高介电常数的栅极介质层，有氧化铝（Al_2O_3）、氧化铪（HfO_2）和氧化钛（TiO_2）等。

本节介绍的金属栅结合高介电材料与上一节中的铜互连结合低介电材料的位置是不同的，如图2-13所示。中芯国际和台积电28nm逻辑工艺均采用了金属栅结合高介电材料技术。

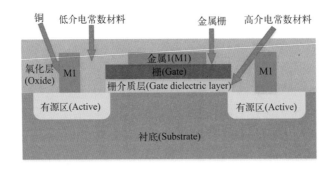

图2-13　金属栅和高介电常数材料

2.3.5 多重曝光

一般浸润式DUV光刻机的分辨率在20nm以上，而7nm以下分辨率是由EUV光刻机提供的，那么中间的20nm、16nm、12nm、10nm等的光刻分辨率是如何得到的呢？实际上是通过多重曝光技术用浸润式DUV光刻机取得的。现有的多重曝光技术可分为两类：间距分割（Pitch Splitting）和间隔（Spacer）。

假设光刻机的分辨率为30nm，那么在一次成像中光刻线条的可分辨最小间距也就是30nm。如果将两组间距为30nm的线条，错开15nm，分两次成像并叠加，就可以得到15nm分辨率的图像，原理如图2-14所示。早期的多重曝光就是简单地将一层图案，分为两个或三个部分，每个部分采用常规曝光的方式，最后合成整个图案。这种间距分割的方式命名为"LELE"（Litho-Etch-Litho-Etch），意思就是"光刻-刻蚀-光刻-刻蚀"。当然也有"LELELE"，即三次光刻刻蚀。这种方法已被用于20nm和10nm之间的工艺节点。类似地，还有"LFLE"（Litho-Freeze-Litho-Etch），意思是"光刻-冷冻-光刻-刻蚀"，在一次光刻后，不去除光刻胶也不做刻蚀，而是将光刻胶"冷冻"或化学处理后，直接进行二次光刻。

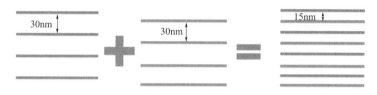

图2-14　LELE原理

在间隔技术中，首先在晶圆表面形成预图案，通过沉积或反应技术在预图案表面形成薄膜，刻蚀留下预图案及侧壁薄膜，去除预图案只留下侧壁的间隔物，由于每个预图案线条都对应有两个间隔物，所以线密度增加了一倍，从而实现了分辨率的提升，这一技术通常被称为自对准双重曝光（Self-Aligned Double Patterning, SADP），其原理如图2-15所示。如果将SADP连续应用两次，就可以达到将分辨率提升4倍的目的，这也被称为自对准四重曝光（Self-Aligned Quadruple Patterning, SAQP）。

还有许多情况会导致需要进行多重曝光设计，如掩膜版上水平和垂直方向图案的照明方案与45°方向图案的照明方案就有可能不同，故需要进行多重曝光以获得高质量；如在一个特征图案中包含多种间距，且这些间距不兼容，以至于没有任何照明方案可以同时对不同间距进行满意的成像。多重曝光技术虽然增加了制造成本，但对于质量的改善是显而易见的。

2.3.6 FinFET

FinFET之前的MOSFET均为平面结构，如图2-6所示。工程师通过缩小晶体管的尺寸来提高晶体管的工作速度和芯

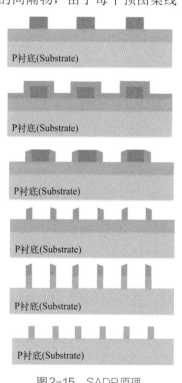

图2-15　SADP原理

片中晶体管的密度。然而，当栅长降到20nm以下时，栅极对沟道的控制能力变弱，源极和漏极之间的漏电流变得不可忽视。重新控制沟道电流流动的一种方法是将沟道提高到硅平面以上，形成"鳍"，这是FinFET设计的特点。栅极在凸起的鳍的三面环绕着沟道，而不是仅穿过其顶部，如图1-15所示。栅极和沟道之间更大的接触表面积提供了更好的电场控制能力，从而减少了晶体管"关闭"状态下的泄漏。另一个优点是，FinFET只需要较低的栅极电压就能控制晶体管的通断，这也带来了更好的性能和更低的功耗。

FinFET在拥有高性能、高密度和低功耗等优势的同时，对制造提出了很高的挑战。上一节中提到的SADP和SAQP工艺被用来制造鳍结构，在这个过程中，必须严格控制每个鳍片的高度和宽度，因为这些关键尺寸会显著影响器件的性能。鳍片薄而脆弱，结构变窄导致薄膜沉积越来越困难，但这些都已经被工业界所解决。目前，20nm以下逻辑工艺均采用了FinFET结构。

虽然FinFET取得了惊人的成功，但业界目前一直在探索新的材料或者结构来进一步提高晶体管的速度，如GAA（Gate-All-Around）。与FinFET用栅极三面包裹沟道不同的是，GAA选择四面包裹沟道的结构。除此之外，纳米线技术、单原子晶体管等未来是否会实现，让我们拭目以待。

2.4 特殊工艺

2.4.1 模拟工艺

构成模拟集成电路的基本器件包括：电阻、电容、二极管、三极管、MOSFET等，如图2-16所示。模拟工艺就是用来制造模拟集成电路的芯片制造工艺。如电源管理芯片、运算放大器、数据转换芯片等都要使用模拟工艺。当前模拟工艺的工艺节点基本为$0.5\mu m \sim 16nm$，不同公司相同工艺节点所采用的工艺不尽相同，但工艺节点越小，通常集成度越高。

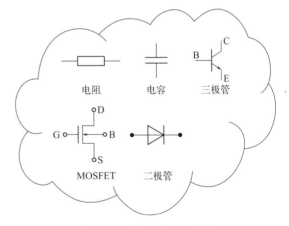

图2-16　模拟电路基本器件

■ （1）多阈值电压CMOS

MOSFET的阈值电压（V_{th}）是指在晶体管的栅绝缘层和衬底之间的界面上形成反型层的栅极电压。当MOSFET的栅源电压差大于V_{th}时，才能在源漏之间形成导电沟道，MOSFET导通；否则，MOSFET截止。低V_{th}器件的开关速度更快，但截止时的漏电流也相对较高，因此更多用于关键路径的性能优化；高V_{th}器件的开关速度更慢，但截止时的漏电流也相对较小，因此更多用于低功耗的设计。

在电路设计上实现多阈值MOSFET的方法是在器件衬底施加不同的偏置电压（V_b）。在模拟CMOS工艺中，实现多阈值的方法包括：调整栅极氧化层厚度、栅极氧化层介电常数或栅极氧化层下的沟道区域的掺杂浓度等。最常见的方法就是通过在标准CMOS工艺的基础上，增加额外的光刻、刻蚀和离子注入步骤，通过改变栅极氧化层下沟道区域的掺杂浓度来调整 V_{th}。

原则上，可以制造任何阈值电压的MOSFET。对于具有两个阈值电压的CMOS、PMOS和NMOS，各需要一个额外的光刻、刻蚀和离子注入步骤。正常、低阈值和高阈值的CMOS的制造，相对于传统的单阈值CMOS来说，需要额外的四个步骤。

■（2）电阻

模拟工艺中的电阻可以有金属电阻、有源区电阻、阱电阻、多晶硅电阻等多种形式。它们之间电阻率或方块电阻、温度系数等都不相同。金属电阻的电阻率非常小，由金属布线构成，通常很少使用。有源区电阻也叫扩散区电阻，由衬底上的有源区构成，通常与MOSFET的源漏区同时光刻、刻蚀和注入形成，不同的是形状及连接不同，其结构如图2-17（a）所示。阱电阻则利用的是CMOS工艺中的N阱或P阱，其结构如图2-17（b）所示。多晶硅电阻则利用的是CMOS工艺中的多晶硅栅，在标准CMOS工艺中，刻蚀形成栅后，进行离子注入以形成有源区，同时栅也被注入了掺杂的离子，此时栅就由导电性能不好的半导体变成了导电性能较好的重掺杂的多晶硅栅。多晶硅电阻可在制作MOSFET栅的步骤同时制作出来，不过此时制作的多晶硅电阻由于是重掺杂的，故方块电阻较小。

高阻值的多晶硅电阻，通常需要额外的光刻步骤来进行轻掺杂，从而实现高方块电阻。高阻值多晶硅电阻的结构如图2-17（c）所示，其位于氧化层上方，实现了与衬底的隔离。高阻值多晶硅电阻的方块电阻较大，非常适合用作高阻值的电阻，在模拟工艺中应用较为广泛。

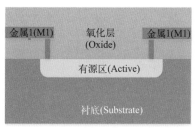
(a) 有源区电阻

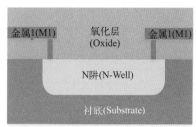
(b) 阱电阻

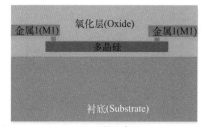
(c) 多晶硅电阻

图2-17　CMOS工艺中电阻简化结构示意图

■（3）电容

电容器通常由两个导体组成，中间有一个薄的电绝缘层。模拟工艺中电容的形式有：MIM（金属-绝缘体-金属）、PIP（多晶硅-绝缘层-多晶硅）、Junction（结电容）等多种形式。它们单位面积的电容值大小相同。

MIM电容由两个被电介质隔开的金属表面构成，其中电介质通常为二氧化硅，结构如图2-18（a）所示。PIP电容与MIM电容类似，只不过电容极板不是金属而是多晶硅，结构如图2-18（b）所示。结电容通常由反偏的PN结构成，结构如图2-18（c）所示。通常PIP的单位面积电容值较大，MIM和结电容较小。结电容受结两端电压大小的影响较大。

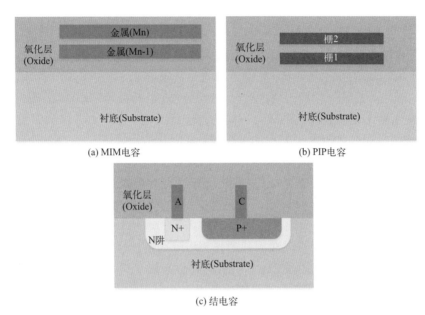

(a) MIM电容　　　　　　　　　　　(b) PIP电容

(c) 结电容

图2-18　CMOS工艺中电容简化结构示意图

■　（4）二极管

二极管是两端器件，由阴极（C）和阳极（A）构成，其本质就是P型半导体与N型半导体形成的PN结。标准CMOS工艺中的二极管通常由衬底和有源区构成，其结构如图2-19所示。

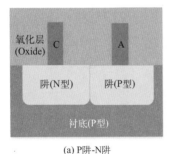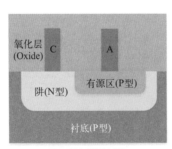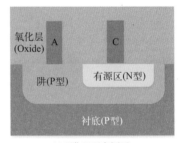

(a) P阱-N阱　　　　　　(b) P型有源区-N阱　　　　　(c) P阱-N型有源区

图2-19　CMOS工艺中二极管简化结构示意图

■　（5）三极管

三极管是三端器件，由发射机（E）、基极（B）和集电极（C）构成，可分为PNP和NPN两种类型，其本质就是两个PN结的串联。标准CMOS工艺中三极管的结构如图2-20所示。

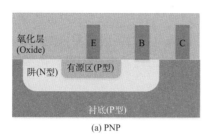
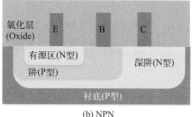

(a) PNP   (b) NPN

图2-20　CMOS工艺中三极管简化结构示意图

2.4.2　BCD工艺

BCD工艺将双极晶体管（Bipolar）、CMOS逻辑和横向扩散MOS晶体管（LDMOS）集成到一个芯片中，其中Bipolar用于模拟电路，CMOS用于数字逻辑电路，LDMOS一般用于制造高电压或更高功率输出的驱动晶体管，可广泛应用于音频功放、室内外照明、电源管理、工业控制、汽车电子等领域，是DC-DC转换器、AC-DC转化器、LED照明和电池管理等产品的最佳工艺。

■（1）LDMOS

MOSFET器件由栅极、源极、漏极和衬底组成。标准CMOS工艺中，由于器件源极和漏极均为重掺杂，导致其与衬底所形成PN结的击穿电压较低，因此限制了器件功率的提升。从20世纪70年代第一个商用功率MOSFET问世至今，已经探索了几种结构来提高MOSFET源漏之间的击穿电压（几十伏甚至几百伏）。然而，它们中的大多数已经被放弃了，垂直扩散MOS（VDMOS）（也称为双扩散MOS或简称DMOS）结构和LDMOS（横向扩散MOS）结构是当前功率MOSFET的主要结构。由于LDMOS与CMOS的工艺兼容性好于VDMOS，因此当前BCD工艺中主要采用了LDMOS结构。

图2-21为某BCD工艺中LDMOS器件简化结构示意图。与标准CMOS工艺将器件直接制作在衬底内不同，BCD工艺通过沉积方式在衬底上沉积低掺杂的半导体薄膜，也称外延层（N-表示N型低掺杂），将器件制作在外延层内，并通过隔离工艺降低器件之间的干扰。不同厂家LDMOS的结构和工艺不尽相同，但目的是提高源漏之间的击穿电压，在达到击穿电压要求的前提下，降低导通电阻。为进一步实现大电流，实际应用中通常将LDMOS器件做成一个阵列，通过并联成百上千个器件实现高功率。

■（2）增强型与耗尽型MOSFET

由于BCD工艺与标准CMOS工艺差异较大，故普通MOSFET器件在两种工艺中也是不同的。图2-22（a）为某BCD工艺中的NMOS，可以看出，主要差异是BCD工艺中，器件制作在了外延层中，并通过隔离工艺降低干扰。因此，同样的逻辑电路，BCD工艺的成本要高于标准CMOS工艺。之前提到的MOSFET均为增强型，即在栅源电压为

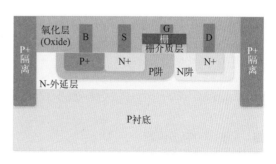

图2-21　一种LDMOS器件的简化结构示意图

零时，器件是常闭的。NMOS可以通过拉高栅极电压而被打开，PMOS可以通过拉低栅极电压而被打开。还有一种耗尽型的MOSFET，其在栅源电压为零时是常开的。NMOS可以通过拉低栅极电压而被关闭，PMOS则正相反。BCD工艺中的耗尽型NMOS简化结构如图2-22（b）所示。

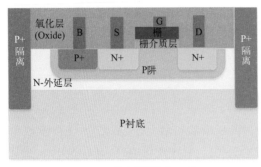
(a) BCD工艺中的增强型NMOS

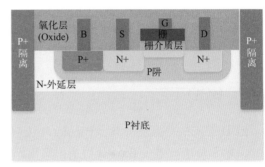
(b) BCD工艺中的耗尽型NMOS

图2-22　MOSFET器件

■ （3）Bipolar

与MOSFET的情形类似，BCD工艺中的Bipolar也是制作在外延层中的，如图2-23所示。同样的Bipolar电路，BCD工艺的成本要高于CMOS工艺。

■ （4）肖特基二极管

肖特基二极管（以德国物理学家沃尔特·汉斯·肖特基的名字命名），也被称为肖特基势垒二极管或热载流子二极管，是一种由半导体与金属形成的半导体二极管。与通常的PN结二极管相比，它具有较低的正向电压降和非常快的开关速度。

肖特基二极管使用的典型金属有钼、铂、铬或钨，以及某些硅化物等，而半导体通常是N型硅。当N型半导体的掺杂水平非常高时，金属和半导体结不再表现为二极管，而成为一个欧姆接触，即等效为一个非常小的接触电阻。只有当N型半导体的掺杂水平相对较低时，才表现为二极管。图2-24为某BCD工艺中肖特基二极管的简化结构示意图，其中A为阳极，C为阴极，肖特基二极管位于A的下方，C的下方为欧姆接触。

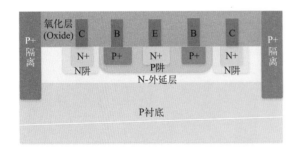

图2-23　BCD工艺中的NPN简化结构示意图

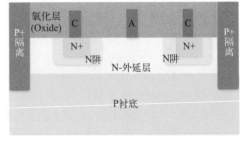

图2-24　一种肖特基二极管的简化结构示意图

■ （5）齐纳二极管

齐纳二极管（以美国物理学家克拉伦斯·齐纳的名字命名）是一种特殊类型的二极管，

旨在当达到一定的设定反向电压（称为齐纳电压）时，可靠地允许电流"逆向"流动。如果一个传统的固态二极管的反向偏压高于其反向击穿电压时，器件会因雪崩击穿而产生大电流。齐纳二极管表现出几乎相同的特性，只是该器件被特别设计成具有较低的击穿电压，即所谓的齐纳电压。齐纳二极管可为电路提供参考电压，也可被用来保护电路免受过压，特别是静电放电的影响。

齐纳二极管的制造有多种多样的齐纳电压，有些甚至是可变的。一些齐纳二极管有一个尖锐的、高掺杂的PN结，齐纳电压很低，在这种情况下，隧道击穿占主导，称为齐纳效应。具有较高齐纳电压的二极管有一个更渐变的结，其击穿过程既包含隧道击穿，也有雪崩击穿。两种击穿类型都存在于齐纳二极管中，齐纳效应在低电压下占主导地位，雪崩击穿在高电压下占主导地位。图2-25（a）为普通二极管简化结构，图2-25（b）为齐纳二极管简化结构，其中N-（齐纳注入）指的是通过离子注入方式调节齐纳二极管的击穿电压。

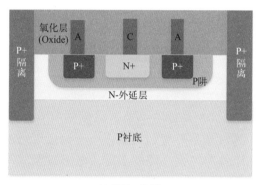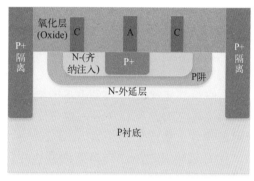

(a) 普通二极管　　　　　　　　　　　(b) 齐纳二极管

图2-25　BCD工艺中二极管的简化结构示意图

■ （6）JFET

结型场效应晶体管（Junction-Gate Field-Effect Transistor, JFET）是三端半导体器件，两端通过欧姆接触形成源极（S）和漏极（D）。在沟道的一侧或两侧形成PN结，并使用欧姆接触形成栅极（G）。图2-26为BCD工艺中JFET简化结构示意图。电荷在源极和漏极之间的导电沟道中流动，通过向栅极施加反向偏置电压夹住通道，从而使电流受到阻碍或

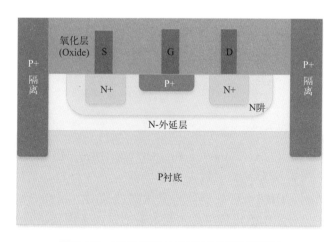

图2-26　BCD工艺中JFET简化结构示意图

被完全关闭。JFET的栅极电流（栅极与沟道之间反偏PN结的漏电流）比MOSFET（栅极和通道之间有绝缘氧化物）要大，但比双极结型晶体管的基极电流小得多。JFET比MOSFET具有更高的增益（跨导），以及更低的闪烁噪声，因此被用于一些低噪声、高输入阻抗的运算放大器中。

2.4.3　射频工艺

■（1）射频CMOS

射频CMOS是在标准CMOS工艺的基础上，通过调整工艺增加了电感、可变电容等一些更适合射频应用的器件，可实现射频、模拟和数字电路的单芯片集成。它被广泛用于现代无线通信，如蓝牙、Wi-Fi、移动通信、定位接收机、广播、车辆通信系统等的无线电收发器。

衬底(Substrate)

图2-27　平面螺旋式电感简化结构示意图（俯视图）

平面螺旋式电感是射频CMOS中最为常见的电感器，它通常制作在顶层金属上（一般厚度最厚，寄生电阻最小），如图2-27所示。通过增加匝数或堆叠多个金属层可增加电感值。受工艺的限制，这类电感通常占用的芯片面积较大，性能不高，电感值也通常在10^{-9}H的级别。

可变电容通常有两种形式：① 变容二极管是利用反偏PN结的结电容大小随外加电压变化而制成的，其结构与普通二极管相似，工作时处于反偏状态。② MOS可变电容与普通MOSFET结构类似，其简化结构如图2-28所示，与NMOS不同，其有源区与阱的类型相同。MOS可变电容因其更宽的调谐范围和更好的性能比变容二极管在设计中更受欢迎。

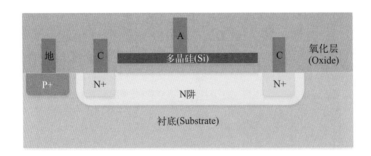

图2-28　MOS可变电容简化结构示意图

■（2）SiGe HBT BiCMOS

异质结双极晶体管（Heterojunction Bipolar Transistor, HBT）是双极结型晶体管（BJT）的一种，它在发射极和基极区域使用不同的半导体材料，形成异质结，其简化结构示意图如图2-29所示。HBT可以处理非常高频率的信号，最高可达10^{11}Hz。SiGe HBT BiCMOS可实现HBT与射频CMOS的单芯片集成，通常用于现代超高速电路，如射频功率放大器。

2.4.4 eFLASH工艺

嵌入式闪存（eFlash）是许多可编程芯片的关键技术。例如，微控制器使用 eFlash 来存储程序指令（代码），以及执行处理的数据。eFLASH工艺与CMOS工艺兼容，其中比较有代表性的技术是 Split-gate 和 SONOS（Silicon–Oxide–Nitride–Oxide–Silicon）。

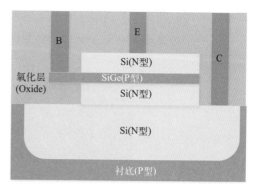

图2-29　SiGe HBT简化结构示意图

■ （1）Split-gate工艺

Split-gate 技术采用了比传统闪存更厚的氧化层。较厚的氧化层更不容易受到缺陷和损坏的影响，而缺陷和损坏可能会产生泄漏路径，最终导致单元数据丢失。Split-gate 技术的浮栅在边缘有一个尖峰，这个尖峰创造了一个强电场，从而提高了擦除操作的性能和可靠性。传统 FLASH 和 Split-gate FLASH 的简化结构示意图如图2-30（a）和（b）所示。

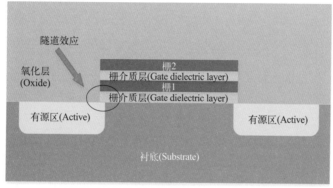

(a) 传统FLASH

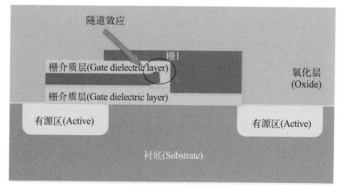

(b) Split-gate FLASH

图2-30　FLASH简化结构示意图

■ （2）SONOS

SONOS 是"多晶硅-二氧化硅-氮化硅-二氧化硅-硅"的简称，其简化结构如图2-31所示。这种结构最早是由仙童半导体的 P.C.Y. Chen 于1977年提出并实现的。该结构与传统结构的主要区别在于其使用氮化硅而不是多晶硅浮栅作为存储电荷的材料。SONOS 与传统的浮栅存储单元的工作原理非常相似，氮化硅薄膜的均匀性要好于浮栅且更容易与CMOS逻辑工艺兼容，因此SONOS结构的综合性能优于传统的浮栅工艺，至今仍被很多eFLASH制造商所采用。

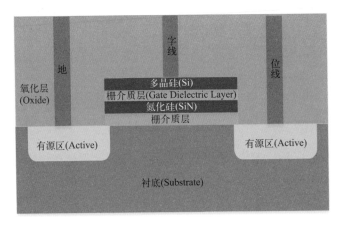

图2-31　SONOS简化结构示意图

参考文献

[1] 彭祎帆，袁波，曹向群. 光刻机技术现状及发展趋势[J]. 光学仪器，2010, 32(4): 80-85.

[2] 傅新，陈晖，陈文昱，等. 光刻机浸没液体控制系统的研究现状及进展[J]. 机械工程学报，2010, 46(16): 170-175.

[3] 郭乾统，李博. 基于光刻机全球产业发展状况分析我国光刻机突破路径[J]. 集成电路应用，2021, 38(9): 1-3.

[4] 张德福，李显凌，芮大为，等. 193 nm投影光刻物镜光机系统关键技术研究进展[J]. 中国科学（技术科学），2017, 47(6): 565-581.

[5] 楼棋洪，袁志军，张海波. 光刻技术的历史与现状[J]. 科学（上海），2017, 69(3): 32-36.

[6] 陈海军，魏宏杰. 干法刻蚀工艺与设备[J]. 设备管理与维修，2020(13): 137-139.

[7] 李婷. 隧穿场效应晶体管的刻蚀工艺与集成研究[D]. 合肥：安徽大学，2020.

[8] 彼得·范·赞特. 芯片制造——半导体工艺制程实用教程[M]. 韩郑生，译. 北京：电子工业出版社，2020.

[9] 肖添. 100V抗辐照VDMOS设计与实现[D]. 成都：电子科技大学，2021.

[10] 文艺. 高压LDMOS新结构和模型[D]. 桂林：桂林电子科技大学，2018.

[11] 叶然. 基于三维电场调制的浅沟槽LDMOS器件研究[D]. 南京：东南大学，2020.

[12] Niccolò Rinaldi, Michael Schröter. Silicon-Germanium Heterojunction Bipolar Transistors for mm-Wave Systems: Technology, Modeling and Circuit Applications[M]. Gistrup: River Publishers, 2018.

[13] P. Sameni. Modelling and Applications of MOS Varactors for High-speed CMOS Clock and Data Recovery[M]. Vancouver: The University of British Columbia, 2008.

[14] 龙博. 集成电路超细互连线电迁移可靠性研究[D]. 哈尔滨：哈尔滨工业大学，2010.

[15] 刘志民. VLSI铝互连线的微区应力与微结构的研究[D]. 北京：北京工业大学，2005.

[16] 张磊. 0.13微米铜互连工艺鼓包状缺陷问题的解决[D]. 上海：上海交通大学，2013.

[17] 卢秋明. 金属互连线的可靠性研究[D]. 上海：复旦大学，2009.

[18] 邵杰. 铜微互连线的原子迁移失效研究[D]. 武汉：华中科技大学，2017.

[19] 朱范婷. FINFET技术[J]. 数字技术与应用，2014(1):66-68.

[20] 马伟彬. FinFET器件技术简介[J]. 科技展望，2016, 26(16):104-105.

[21] Yamauchi Y., Kamakura Y., Matsuoka T.. A Source-Side Injection Single-Poly Split-Gate Cell Technology for Embedded Flash Memory[C]. 2013 International Conference on Solid State Devices and Materials, 2013.

习题

1. 半导体制造工艺水平对集成电路产业发展至关重要，请针对CMOS工艺，调研国内三家半导体制造商的工艺特点。

2. 请针对BCD工艺，调研国内三家半导体制造商的工艺特点。

3. 请针对射频工艺，调研国内三家半导体制造商的工艺特点。

4. 请针对eFLASH工艺，调研国内三家半导体制造商的工艺特点。

5. 请针对CMOS工艺，调研0.35μm～5nm工艺对应的主流芯片产品。

第 **3** 章

集成电路设计方法

▶▶ 思维导图

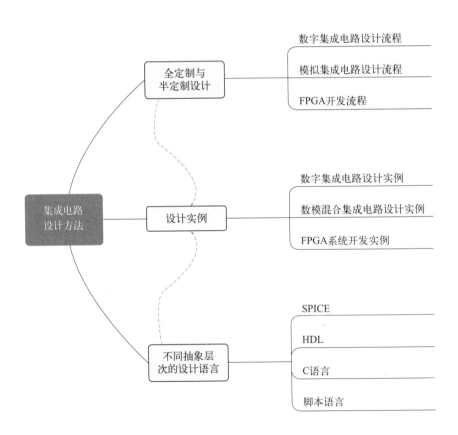

3.1 从全定制设计到半定制设计

集成电路设计方法可分为两大类：全定制设计和半定制设计，如图3-1所示。全定制设计方法是指利用计算机辅助设计软件进行晶体管级的电路和版图设计的方法。采用此种方法设计的集成电路，通常集成度高、速度快、面积小、功耗低，是模拟集成电路设计的主流设计方法，主要缺点是设计周期长，不适合超大规模的集成电路设计。

半定制设计方法又可以分为基于标准单元和基于门阵列的设计方法。基于标准单元的半定制设计方法，以半导体制造商提供的标准单元、编译单元或宏单元为基础，利用计算机辅助设计软件，通过硬件描述语言建模、仿真验证、逻辑综合、可测性设计、布局布线、版图验证、后仿真验证等步骤，完成电路和版图设计。此种设计方法，设计抽象层次由高到低，逐渐接近物理层，适合进行超大规模的集成电路设计，是数字集成电路和片上系统设计的主流设计方法。

上述设计方法最终都要通过半导体制造商完成集成电路的制造、封装和测试才能成为成品。这可能需要几周至几个月的时间，同时付出高昂的制造成本。基于门阵列的半定制设计方法不要求经过一个完整的制造工艺过程，甚至完全不需要制造，基于预扩散阵列或预布线阵列实现电路设计。这种方法的优点是成本低、设计周期短，缺点是性能和集成度也较低，且功耗相对较高。

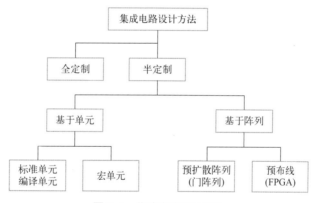

图3-1 集成电路设计方法

3.1.1 数字集成电路设计流程

数字集成电路设计流程可大体分为三个阶段：需求分析及芯片设计方案、前端设计、后端设计，如图3-2所示。第一阶段的芯片功能规格，主要是定义芯片功能、制造工艺、封装形式等；芯片结构设计，主要是对芯片模块的功能进行定义及划分，最终形成芯片设计方案。第二阶段主要应用HDL语言进行模块级和系统级设计与功能验证，应用FPGA进行芯片功能板级验证，通过逻辑综合将设计的HDL描述综合优化为电路的门级网表，插入扫描链等测试电路并生成测试向量，最终得到可以进行布局布线的门级网表。第三阶段主要进行自动布局布线和集成电路的版图验证及后仿真验证，最终得到可以流片制造的芯片版图数据。如果哪个阶段或步骤达不到设计要求，需要向上重溯流程并修改设计，直到符合设计要求为止。

图3-2中左侧是常用的一些数字集成电路设计EDA工具，右侧为对应的课程。有了工具的支撑，通过相关课程的学习，可以掌握标准数字集成电路的全流程设计方法。

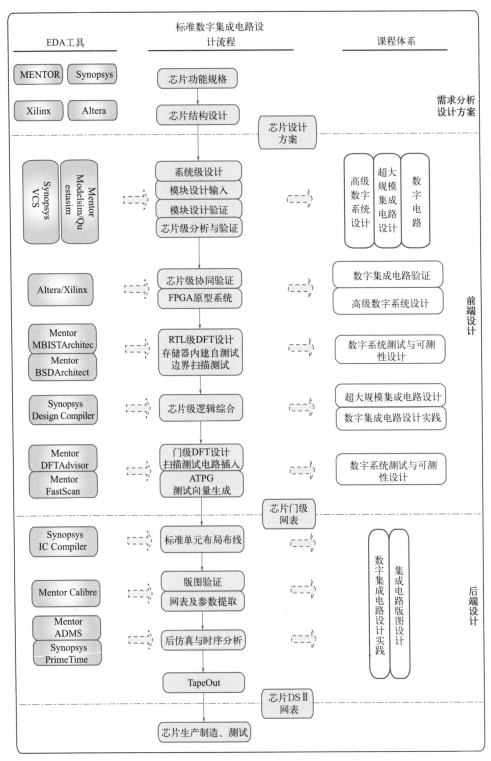

图3-2 标准数字集成电路设计流程、工具、课程

3.1.2 模拟集成电路设计流程

模拟集成电路设计流程大体也分为三个阶段：需求分析及芯片设计方案、前端设计、后端设计，如图3-3所示。第一阶段与数字集成电路设计流程基本一致，芯片功能规格主要是定义芯片功能、制造工艺、封装形式等；芯片结构设计，主要是对芯片模块的功能进行定义及划分，最终形成芯片设计方案。第二阶段主要采用原理图输入的方式，进行模块级及芯片级的设计输入，再由EDA工具将原理图自动转换为SPICE语言进行仿真优化。第三阶段主要进行芯片布局布线和版图验证及后仿真验证，最终得到可以流片制造的芯片版图数据。如果哪个阶段或步骤达不到设计要求，需要向上重溯流程并修改设计，直到符合设计要求为止。

图3-3中左侧是常用的一些模拟集成电路设计EDA工具，右侧为对应的课程。有了工具的支撑，通过上述课程的学习，可以掌握标准模拟集成电路的全流程设计方法。目前，中国华大九天的Empyrean已经可以支撑全流程模拟集成电路设计，在商业应用中也已经打开局面。

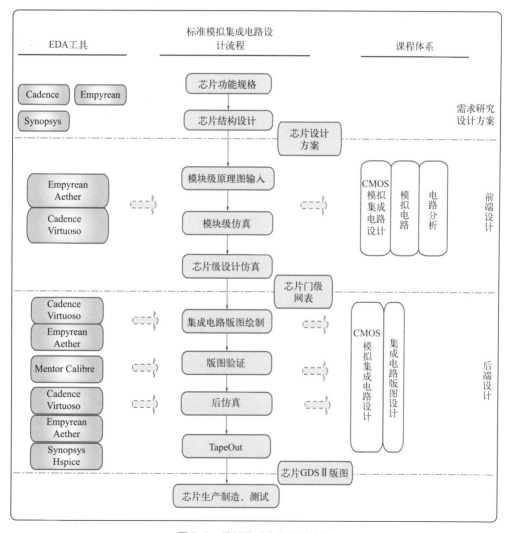

图3-3 模拟集成电路设计流程

3.1.3 FPGA开发流程

图3-4为标准FPGA开发流程，其中功能定义/器件选型是指进行系统功能的定义和模块的划分，并根据任务要求，选择合适的设计方案和器件。设计输入是指应用硬件描述语言(HDL)或原理图输入的方法进行模块级或系统级设计。功能仿真也称为前仿真，是指在编译之前对用户所设计的电路进行逻辑功能验证。综合就是将较高级抽象层次的描述转化成较低层次的描述。综合优化就是根据目标与要求优化所生成的逻辑连接，使层次设计平面化，供FPGA进行布局布线。布局布线就是将综合生成的逻辑网表配置到具体的FPGA芯片上，并通过时序分析工具进行电路时序方面的分析。设计的最后一步就是芯片编程与调试。

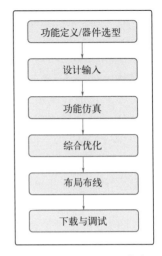

图3-4　标准FPGA开发流程

除了数字集成电路、模拟集成电路、FPGA开发，还有混合集成电路设计、SoC芯片设计、射频集成电路设计等不同的设计流程，这里不再一一介绍。流程是保证设计通过不断迭代达到设计目标的重要方法和手段，但设计本身才是最重要的，如果只懂流程，不明白具体设计也是徒劳的；相反，如果精通具体设计，但不按照流程来，很可能事倍功半也达不到理想效果。

3.2 不同抽象层次的设计语言

当前各种计算机语言种类繁多，集成电路设计领域涉及的设计语言也十分丰富。各种语言之间没有高低之分，只有应用领域的不同。下面从不同抽象层次的角度介绍集成电路设计领域常使用的一些语言。

3.2.1 SPICE

SPICE (Simulation Program with Integrated Circuit Emphasis) 是一种用于电路描述与仿真的语言和仿真器软件，用于检查电路设计的完整性和预测电路行为。SPICE主要用于模拟电路和混合信号电路的仿真。图3-5为SPICE语言实例。

SPICE是在1975年由加利福尼亚大学伯克利分校的Donald Pederson在电子研究实验室首先建立的。第一版和第二版都是用Fortran语言编写的，但是从第三版开始用C语言编写。以"CANCER"的电路仿真程序为蓝本，发展出今日几乎被全世界公认为电路仿真标准的SPICE原始雏形程序。

SPICE仿真器有多种版本，成功的商业版本主要有SPECTRE（由最初的SPICE作者之一Ken Kundert和Jacob White开发，现属于Candence）和HSPICE（最初由Meta-Software开发，现属于Synopsys）、Eldo（最初由Anacad公司开发，现属于Mentor Graphics）等。其后由于电路设计规模的急剧增长，旧版本的SPICE的仿真速度远远不能满足需要，并且对电路规模大小也有限制，业界发展了快速SPICE。

目前成功的快速SPICE商业版本主要有HSIM（最初由Nassada公司开发，现在Nassda公司被Synopsys公司购入），NANOSIM（Synopsys，但有电路规模大小的限制，对敏感的模拟电路也有精度的缺陷，在数字电路仿真方面很成功），ADiT（Evercad，2006年1月被Mentor Graphics并购），ULTRASIM（Cadence公司的快速SPICE工具，属于最新的第三代电路仿真工具）和Aeolus（北京华大九天）等。目前这些快速SPICE的主要特点是以牺牲准确性换取速度的大幅提高，因此它们的共同问题是如何在快速的同时保持准确性。

```
*********************************************************
* Library Name: ADC_SMIC180_16MHz_8Bit_tmp
* Cell Name:    BandGap
* View Name:    schematic
*********************************************************

.SUBCKT BandGap GND! VDD! Vref
*.PININFO GND!:B VDD!:B Vref:B
MPM2 Vref net08 VDD! VDD! p18 W=1u L=180n m=1
MPM1 net08 net08 VDD! VDD! p18 W=220n L=180n m=1
MPM0 net8 net08 VDD! VDD! p18 W=220n L=180n m=1
QQ2 GND! GND! net18 pnp18a4 M=1 AREA=4e-12
QQ1 GND! GND! net19 pnp18a4 M=6 AREA=4e-12
QQ0 GND! GND! net019 pnp18a4 M=1 AREA=4e-12
RR2 Vref net18 16K $[rhrpo] $W=2u $L=32.4u M=1
RR0 net016 net19 10K $[rhrpo] $W=4.37u $L=44.045u M=1
MNM1 net8 net8 net019 GND! nnt18 W=1u L=500n m=1
MNM0 net08 net8 net016 GND! nnt18 W=1u L=500n m=1
.ENDS
```

图3-5　SPICE语言实例

3.2.2　HDL

硬件描述语言（Hardware Description Language，HDL）是一种专门的计算机语言，是用来描述电子电路（特别是数字电路）功能、行为的语言，可以在寄存器传输级、行为级、逻辑门级等对数字电路系统进行描述。随着自动化逻辑综合工具的发展，硬件描述语言可以被这些工具识别，并自动转换到逻辑门级网表，使得硬件描述语言可以被用来进行电路系统设计，并能通过逻辑仿真的形式验证电路功能。设计完成后，可以使用逻辑综合工具生成低抽象级别（门级）的网表（即连线表）。硬件描述语言看起来很像编程语言，如C语言，它是一种由表达式、语句和控制结构组成的文本描述。大多数编程语言和HDL之间的一个重要区别是，HDL明确包括时间的概念。小到简单的触发器，大到复杂的超大规模集成电路（如微处理器），都可以利用硬件描述语言来描述。常见的硬件描述语言包括Verilog、VHDL等。HDL语言实例如图3-6所示。

```verilog
`include "ADC_define.v"

module FSM(clk,rst,Ack_S,Ack_7,Ack_6,Vout,State);

input          clk,rst;
input          Ack_S,Ack_7,Ack_6,Vout;
output [3:0]   State;

reg    [3:0]   State;

always @(posedge clk or posedge rst)
begin
    if(rst)
            State <= `IDEL;
    else
            case(State)
            `IDEL:begin
                    State <= `SAMP;
                end
            `SAMP:if(Ack_S) begin
                    State <= `HOLD;
                end
                else begin
                    State <= `SAMP;
                end
            `HOLD:begin
                    State <= `SAR7;
                end
            `SAR7:if(Ack_7) begin
                    State <= `SAR6;
                end
                else begin
                    State <= `SAR7;
                end
```

图3-6　HDL语言实例

第一批硬件描述语言出现在20世纪60年代末。第一个产生持久影响的是1971年 C.Gordon Bell和Allen Newell的《计算机结构》一文中的描述。该文引入了寄存器传输级别的概念。1985年，随着设计转向VLSI，Gateway Design Automation推出了Verilog，Intermetrics发布了VHSIC硬件描述语言（VHDL）的第一个完整版本。1986年，VHDL成为IEEE标准（IEEE Std 1076），第一个IEEE标准化的VHDL版本IEEE Std 1076-1987，于1987年12月被批准。Cadence设计系统公司后来收购了Gateway设计自动化公司的Verilog-XL的权利，成为Verilog事实上的标准。

目前，VHDL和Verilog已经成为电子行业的主流HDL，而较早的、能力较弱的HDL则逐渐从使用中消失。然而，VHDL和Verilog有许多相同的限制，例如不适合模拟或混合信号电路仿真。多年来，人们在改进HDL方面投入了大量精力。Verilog的最新迭代，正式称为IEEE 1800-2005 System Verilog，引入了许多新的功能（类、随机变量和属性/断言），以满足对更好的测试台随机化、设计层次和重用的日益增长的需求。VHDL的未来修订版也正在开发中，预计将与System Verilog的改进相匹配。

3.2.3　C语言

C语言是一种通用的编程语言，广泛用于系统软件与应用软件的开发。1969—1973年，为了移植与开发Unix操作系统，由丹尼斯·里奇与肯·汤普逊以B语言为基础，在贝尔实验室设计、开发出来。

C语言具有高效、灵活、功能丰富、表达力强和较高的可移植性等特点，在程序设计中备受青睐，成为近年来使用最为广泛的编程语言。目前，C语言编译器普遍存在于各种不同的操作系统中，例如Microsoft Windows、macOS、Linux、Unix等。C语言的设计影响了众多后来的编程语言，例如C++、Objective-C、Java、C#等。

20世纪80年代，为了避免各开发厂商用的C语言的语法产生差异，由美国国家标准局为C语言制定了一套完整的国际标准语法，称为ANSI C，作为C语言的标准。20世纪80年代至今的有关程序开发工具，一般都支持符合ANSI C的语法。图3-7为C语言实例。

从抽象层次上讲，C语言非常适合用来进行模型、算法或协议的开发，因此大量设计最初都是用C语言来描述的。在把这些模型、算法或协议转换成数字集成电路前，数字集成电路设计者必须能够读懂C程序，才能用抽象层次更低的HDL语言进行数字集成电路设计。

3.2.4　脚本语言

脚本语言是为了缩短传统的"编写、编译、链接、运行"过程而创建的计算机编程语言。早期的脚本语言经常被称为批处理语言或作业控制语言。一个脚本通常是解释运行而非编译。脚本语言通常都有简单、易学、易用的特性，目的就是希望让程序员快速完成程序的编写工作。

虽然许多脚本语言都超越了计算机简单任务自动化的领域，比如JavaScript、Perl、PHP、Python、

```
#include <stdio.h>

/* print Fahrenheit-Celsius table
   for fahr = 0, 20, ..., 300; floating-point version */
main()
{
    float fahr, celsius;
    int lower, upper, step;

    lower = 0;      /* lower limit of temperature table */
    upper = 300;    /* upper limit */
    step = 20;      /* step size */

    fahr = lower;
    while (fahr <= upper) {
        celsius = (5.0/9.0) * (fahr-32.0);
        printf("%3.0f %6.1f\n", fahr, celsius);
        fahr = fahr + step;
    }
}
```

图3-7　C语言实例

Ruby 和 Tcl，成熟到可以编写精巧的程序，但仍然还是被称为脚本。几乎所有计算机系统的各个层次都有一种脚本语言，如计算机游戏，网络应用程序，文字处理软件，网络软件等。在许多方面，高级编程语言和脚本语言之间互相交叉，二者之间没有明确的界限。

在集成电路行业中一般常用到的脚本语言有四种，分别是 csh、TCL、Perl 和 Python。csh 作为 Linux 的原生语言，是最容易的脚本语言，对于文本处理有极高的效率。TCL 常被用于快速原型开发、GUI 或测试等方面，几乎所有的 EDA 工具控制流程都是用 TCL 编写的。Perl 在数字集成电路前端设计中有非常广泛的应用：自动生成有规律的 Verilog 代码；读取繁杂的技术文档，自动生成具有参数化的、可扩展性强的 Verilog 代码，可极大地降低人工手动编写的错误率，同时保证与技术指标更新一致的严格性和实时性；自动生成仿真激励，抓取关键信息，因为随着集成电路规模的增大，仿真测试工作量大大增加，自动化生成激励会大大降低工作量，提高验证效率。Perl 语言实例如图3-8所示。Python 在数据抓取、机器学习领域无出其右，在集成电路中用来做运算类的数据处理，可以大大提高处理速度。

就本节介绍的语言来说，SPICE 抽象层次最低，脚本语言抽象层次最好，抽象层次越低越接近物理层，抽象层次越高用起来越方便。模拟集成电路设计领域主要使用 SPICE 语言（现在通常是通过原理图输入，自动生产 SPICE 语言），数字集成电路设计领域涉及的编程语言较多，各种编程语言相互配合才能更好更高效地完成设计。

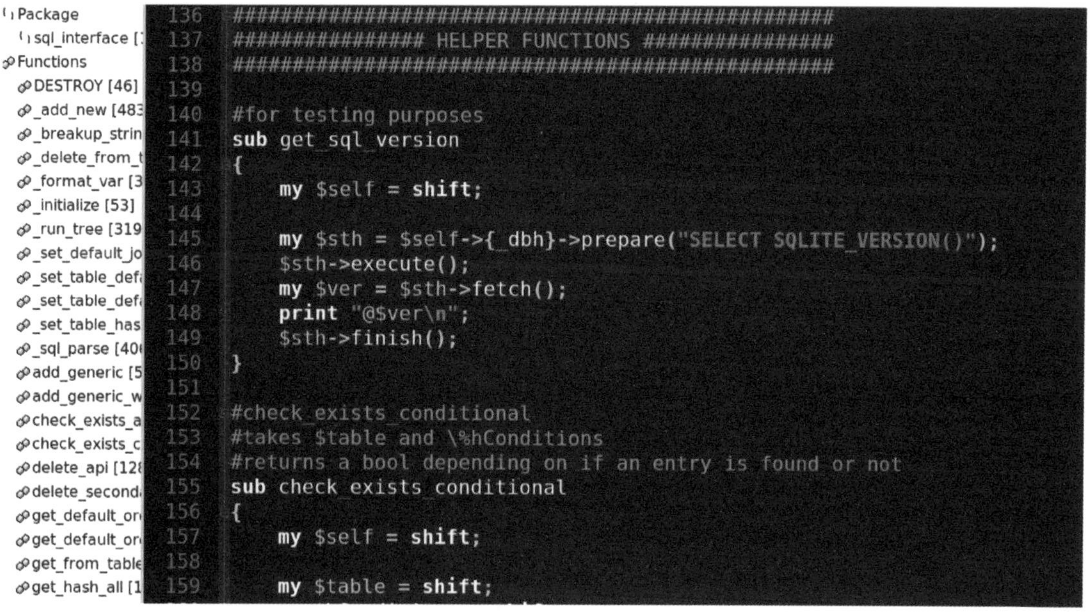

图3-8　Perl语言实例

3.3　数字集成电路设计实例

这里用一个简单的专用芯片设计实例来进一步直观地给出数字集成电路的设计过程。DTC6124N 是一款三相智能型晶闸管控制器专用集成电路。

3.3.1 功能规格

■ （1）芯片描述

　　DTC6124N芯片采用三相同步，双窄脉冲触发，内置软启动、软停车及调压节能控制算法，主要应用于三相异步电机智能调压控制，也可适用于感性负载的变周期调功等领域。

　　该芯片具有通用IIC数字接口，用户可通过IIC Slave接口实现芯片配置及精确控制，可通过IIC Master接口实现自动加载EEPROM存储的配置参数，从而实现无CPU情况下的自主运行控制。

　　该芯片同时具有相序自适应、故障自动保护、实时电网频率测量、实时功率因数角测量等功能，使用灵活、控制精度高、实时性好、稳定性好，可作为三相电力电子调压控制系统的核心控制芯片。

■ （2）芯片参数

- ·适用电网频率为50Hz、60Hz、400Hz；
- ·芯片时钟频率12MHz；
- ·通用IIC数字接口（快速传输模式，最大400kbit/s）；
- ·内置软启动算法、ESCA调压节能算法；
- ·双窄脉冲触发；
- ·触发角范围0°～120°，分辨率0.003°；
- ·输出脉冲调制频率范围2.93～375kHz；
- ·输出脉冲宽度范围0°～60°，分辨率0.384°；
- ·输入同步信号消抖时长0～42.496μs；
- ·芯片工作温度范围-40～85℃；

■ （3）芯片封装（图3-9、表3-1）

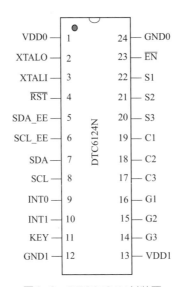

图3-9　DTC6124N封装图

表3-1 端子定义和功能描述

序号	端子名字	描述	传输方向
1	VDD0	电源	—
2	XTALO	晶振输出端子	输出
3	XTALI	晶振输入端子	输入
4	RST	芯片复位	输入
5	SDA_EE	EEPROM I²C 数据总线	双向
6	SCL_EE	EEPROM I²C 时钟总线	输出
7	SDA	I²C 数据总线	双向
8	SCL	I²C 时钟总线	输入
9	INT0	相序错误中断	输出
10	INT1	同步信号中断	输出
11	KEY	软停车按键	输入
12	GND1	电源地	—
13	VDD1	电源	—
14	G3	3号触发脉冲输出	输出
15	G2	2号触发脉冲输出	输出
16	G1	1号触发脉冲输出	输出
17	C3	3号电流过零点同步信号	输入
18	C2	2号电流过零点同步信号	输入
19	C1	1号电流过零点同步信号	输入
20	S3	3号自然换相点同步信号	输入
21	S2	2号自然换相点同步信号	输入
22	S1	1号自然换相点同步信号	输入
23	EN	DFT 使能信号	输入
24	GND0	电源地	—

（4）结构框图（图3-10）

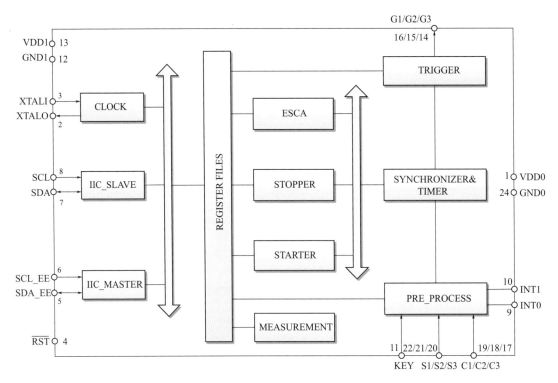

图3-10　芯片内部结构框图

CLOCK—时钟模块；IIC_SALVE—I²C数据总线从机；IIC_MASTER—I²C数据总线主机；REGISTER FILES—寄存器组；
ESCA—节能控制算法模块；STOPPER—软停车控制模块；STARTER—软启动控制模块；MEASUREMENT—测量模块；
TRIGGER—触发模块；SYNCHRONIZER&TIMER—同步和定时模块；PRE_PROCESS—预处理模块

（5）寄存器组说明

① ID——芯片标识（只读）

寄存器地址	默认值	D7	D6	D5	D4	D3	D2	D1	D0
0x00	0	0x4e	0	1	0	0	1	1	1	0

描述：标识信息（ASCII：N)。

② WCYCLE——写周期（读/写）

寄存器地址	默认值	D7	D6	D5	D4	D3	D2	D1	D0
0x01	1	0x64	0	1	1	0	0	1	0	0

描述：EEPROM写周期时间配置寄存器。计算公式：

$$\text{WCYCLE} = \frac{375 T_{\text{write}}}{32}$$

式中，T_{write}（ms）为EEPROM写周期时间，范围0 ~ 21.76ms，默认值8.5ms。

③ TA——触发角度（读/写）

寄存器地址	默认值		D7	D6	D5	D4	D3	D2	D1	D0
0x02	2	0x3e	0	0	1	1	1	1	1	0
寄存器地址	默认值		D15	D14	D13	D12	D11	D10	D9	D8
0x03	3	0x9c	1	0	0	1	1	1	0	0

描述：触发角度配置寄存器。计算公式：

$$TA = \frac{\alpha}{0.003°}$$

式中，α 为触发角度，范围 $0° \sim 196.6°$，默认值 $120°$。

注意：必须先写入新数据的低八位，再写入数据的高八位（此时数据才会正确更新）。

④ PW——脉冲宽度寄存器（读/写）

寄存器地址	默认值		D7	D6	D5	D4	D3	D2	D1	D0
0x04	4	0x1a	0	0	0	1	1	0	1	0

描述：触发脉冲的宽度配置寄存器。计算公式：

$$PW = \frac{\beta}{0.384°}$$

式中，β 为脉冲宽度，范围 $0° \sim 59°$，默认值 $10°$。

注意：若设置值超过 $59°$，均按 $59°$ 脉冲宽度输出。虽然DTC6124N将触发脉冲宽度限制在 $59°$ 以内，但尽量不要将脉冲宽度设置为大于 $59°$，以免触发错误。

⑤ FM——脉冲调制频率（读/写）

寄存器地址	默认值		D7	D6	D5	D4	D3	D2	D1	D0
0x05	5	0x28	0	0	1	0	1	0	0	0

描述：输出脉冲调制频率配置寄存器。计算公式：

$$FM = \frac{12MHz}{32f}$$

式中，f（Hz）为调制频率，范围 $1.47 \sim 375kHz$，默认值 $9.375kHz$。

⑥ DEBV——自然换相点同步信号消抖时长（读/写）

寄存器地址	默认值		D7	D6	D5	D4	D3	D2	D1	D0
0x06	6	0x64	0	1	1	0	0	1	0	0

描述：消抖时长配置寄存器，用于自然换相点同步信号的消抖滤波。计算公式：

$$DEBV = \frac{T_{DEBV}}{166.66}$$

式中，T_{DEBV}（ns）为消抖时间长度，范围 $0 \sim 42.5\mu s$，默认值 $16.66\mu s$。

⑦ DEBC——电流过零点同步信号消抖时长（读/写）

寄存器地址	默认值		D7	D6	D5	D4	D3	D2	D1	D0
0x07	7	0x0a	0	0	0	0	1	0	1	0

描述：消抖时长配置寄存器，用于电流过零点同步信号的消抖滤波。计算公式：

$$\mathrm{DEBC} = \frac{T_{\mathrm{DEBC}}}{166.66}$$

式中，T_{DEBC}（ns）为消抖时间长度，范围 $0 \sim 42.5\mu s$，默认值 $1.66\mu s$。

⑧ STA——软启动 A 段时长（读/写）

寄存器地址	默认值		D7	D6	D5	D4	D3	D2	D1	D0
0x08	8	0x03	0	0	0	0	0	0	1	1

描述：软启动 A 段时间配置寄存器。计算公式：

$$\mathrm{STA} = \frac{0.01875 T_{\mathrm{A}}}{A - B}$$

式中，A 为 0x0a 寄存器的值；B 为 0x0b 寄存器的值；T_{A}（ms）为软启动 A 段时间，范围 $53(A-B) \sim 13600(A-B)$ ms，默认值 $3.68s$。

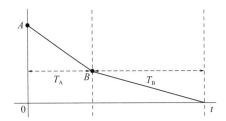

⑨ STB——软启动 B 段时长（读/写）

寄存器地址	默认值		D7	D6	D5	D4	D3	D2	D1	D0
0x09	9	0x0a	0	0	0	0	1	0	1	0

描述：软启动 B 段时间配置寄存器。计算公式：

$$\mathrm{STB} = \frac{0.01875 T_{\mathrm{B}}}{B + CB}$$

式中，B 为 0x0b 寄存器的值；CB 为 0x0c 寄存器的值；T_{B}（ms）为软启动 B 段时间，范围 $53(B+CB) \sim 13600(B+CB)$ ms，默认值 $34.1s$。

⑩ A——软启动 A 段起始角度（读/写）

寄存器地址	默认值		D7	D6	D5	D4	D3	D2	D1	D0
0x0a	10	0x4b	0	1	0	0	1	0	1	1

描述：软启动 A 段起始角度寄存器。计算公式：

$$\mathrm{A} = \alpha_{\mathrm{A}}/0.768$$

式中，α_{A} 为 A 段起始角度，范围 $0° \sim 195°$，默认值 $57.6°$。

⑪ B——软启动 B 段起始角度（读/写）

寄存器地址	默认值		D7	D6	D5	D4	D3	D2	D1	D0
0x0b	11	0x34	0	0	1	1	0	1	0	0

描述：软启动 B 段起始角度寄存器。计算公式：

$$B = \alpha_B/0.768$$

式中，α_B 为 B 段起始角度，范围 $0° \sim 195°$，默认值 $57.6°$。

⑫ CB——软启动回撤角度（读/写）

寄存器地址	默认值	D7	D6	D5	D4	D3	D2	D1	D0
0x0c	12	0x0c	0	0	0	0	1	1	0	0

描述：软启动 B 段回撤角度寄存器，即软启动到达 B 点时回撤的角度寄存器。计算公式：

$$CB = \frac{\alpha_{CB}}{0.768}$$

式中，α_{CB} 为 B 段回撤角度，范围 $0° \sim 195°$，默认值 $57.6°$。

⑬ STA0——软停车 A0 段时长（读/写）

寄存器地址	默认值	D7	D6	D5	D4	D3	D2	D1	D0
0x0d	13	0x03	0	0	0	0	1	0	1	0

描述：软停车 A0 段时间寄存器。计算公式：

$$STA0 = \frac{0.01875 T_{A0}}{A_0 - B_0}$$

式中，A_0 为 0x0f 寄存器的值；B_0 为 0x10 寄存器的值；T_{A0}（ms）为软停车 A_0 段时间，范围 $53\,(A_0 - B_0) \sim 13600\,(A_0 - B_0)$ ms，默认值 6.24s。

⑭ STB0——软停车 B_0 段时长（读/写）

寄存器地址	默认值	D7	D6	D5	D4	D3	D2	D1	D0
0x0e	14	0x0a	0	9	0	0	1	0	1	0

描述：软停车 B_0 段时间寄存器。计算公式：

$$STB0 = \frac{0.01875 T_{B0}}{B_0 - TA_R}$$

式中，TA_R 为当前触发角；B_0 为 0x10 寄存器的值；T_{B0}（ms）为软停车 B_0 段时间，范围 $53\,(B_0 - TA_R) \sim 13600\,(B_0 - TA_R)$ ms。

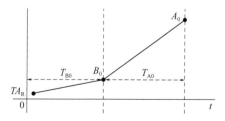

⑮ A0——软停车 A_0 段起始角度（读/写）

寄存器地址	默认值	D7	D6	D5	D4	D3	D2	D1	D0
0x0f	15	0x4e	0	1	0	1	0	0	0	0

描述：软停车 A_0 段起始角度寄存器。计算公式：

$$A_0 = \frac{\alpha_{A0}}{0.768}$$

式中，α_{A0} 为 A_0 段起始角度，范围 $0° \sim 195°$，默认值 $59.9°$。

⑯ B0——软停车 B_0 段起始角度（读/写）

寄存器地址	默认值	D7	D6	D5	D4	D3	D2	D1	D0
0x10	16	0x27	0	0	1	0	0	1	1	1

描述：软停车 B_0 段起始角度寄存器。计算公式：

$$B_0 = \frac{\alpha_{B0}}{0.768}$$

式中，α_{B0} 为 B_0 段起始角度，范围 $0° \sim 195°$，默认值 $30°$。

⑰ K——ESCA 参数（读/写）

寄存器地址	默认值	D7	D6	D5	D4	D3	D2	D1	D0
0x11	17	0x20	0	0	1	0	0	0	0	0

描述：ESCA（Energy Saving Control Algorithm）比例参数。计算公式：

$$K = 64K_p$$

式中，K_p 范围 $0 \sim 3.984375$，默认值 0.5。

⑱ D——ESCA 参数（读/写）

寄存器地址	默认值	D7	D6	D5	D4	D3	D2	D1	D0
0x12	18	0x00	0	0	0	0	0	0	0	0

寄存器地址	默认值	D15	D14	D13	D12	D11	D10	D9	D8
0x13	19	0x00	0	0	0	0	0	0	0	0

描述：ESCA 差分参数（补码）。计算公式：

$$D = \frac{D_d}{0.003}$$

式中，D_d 范围 $-98.3° \sim 98.3°$，默认值 $0°$。

⑲ UPPER——ESCA 触发角范围上限（读/写）

寄存器地址	默认值	D7	D6	D5	D4	D3	D2	D1	D0
0x14	20	0x9c	1	0	0	1	1	1	0	0

描述：ESCA 触发角范围上限。计算公式：

$$UPPER = \frac{TA_{Upper}}{0.768}$$

式中，TA_{Upper} 范围 $0° \sim 195.84°$，默认值 $120°$。

⑳ LOWER——ESCA 触发角范围下限（读/写）

寄存器地址	默认值	D7	D6	D5	D4	D3	D2	D1	D0
0x15	21	0x00	0	0	0	0	0	0	0	0

描述：ESCA 触发角范围下限。计算公式：

$$\text{LOWER} = \frac{TA_{\text{Lower}}}{0.768}$$

式中，TA_{Lower} 范围 $0° \sim 195.84°$，默认值 $0°$。

㉑ STEP——触发角变化幅度限制（读/写）

寄存器地址	默认值	D7	D6	D5	D4	D3	D2	D1	D0
0x16	22	0xff	1	1	1	1	1	1	1	1

描述：触发角变化幅度限制（除软启动、软停车外）。计算公式：

$$\text{STEP} = \frac{TA_{\text{Step}}}{0.768}$$

式中，TA_{Step} 范围 $0° \sim 195.84°$，默认值 $195.84°$。

㉒ CTRL0——控制寄存器 0（读/写）

寄存器地址	默认值	D7	D6	D5	D4	D3	D2	D1	D0
0x17	23	0x8c	LOCK	SYN[1]	SYN[0]	MODE[2]	MODE[1]	MODE[0]	—	FM
			1	0	0	0	1	1	—	0

描述：

封锁标识 LOCK：

1	封锁输出脉冲
0	解除封锁

同步方式 SYN[1:0]：

0	电流过零点同步
1	自然换相点同步
2、3	电压过零点同步

控制模式 MODE[2:0]：

0	直接控制模式
1	软启动模式
2	ESCA 调压模式
3	软启动 +ESCA
4 ~ 7	软停车模式

调制使能 FM：

0	输出脉冲无调制
1	输出脉冲调制

㉓ CTRL1——控制寄存器 1（读/写）

寄存器地址	默认值	D7	D6	D5	D4	D3	D2	D1	D0
0x18	24	0x00	WRITE	READ	INT_EN	INT_CLR	INT_MODE [1]	INT_MODE [0]	—	—
			0	0	0	0	0	0	—	—

描述：

WRITE：EEPROM写使能，1有效。

READ：EEPROM读使能，1有效。

INT_EN：中断使能，1有效。

INT_CLR：中断标识位，为1表示中断有效，写0清除中断。

INT_MODE[1:0]：中断源选择。

0	电流过零点中断
1	自然换相点中断
2、3	电压过零点中断

㉔ STATUS——状态寄存器（只读）

寄存器地址		D7	D6	D5	D4	D3	D2	D1	D0
0x19	25	—	—	STARTTED	STOPPED	LOST	BUSY	PS[1]	PS[0]

描述：

STARTTED：软启动结束标识，1有效。

STOPPED：软停车结束标识，1有效。

LOST：EEPROM检测标识，1表示片外EEPROM不存在，0表示存在。

BUSY：EPROM读写状态标识，1表示正在进行片外EEPROM的读写，0表示空闲。

PS[1:0]：相序标识位。

01	10	11
正序	反序	相序错误

㉕ PERI——电源频率（只读）

寄存器地址		D7	D6	D5	D4	D3	D2	D1	D0
0x1a	26	PERI[7]	PERI[6]	PERI[5]	PERI[4]	PERI[3]	PERI[2]	PERI[1]	PERI[0]
寄存器地址		D15	D14	D13	D12	D11	D10	D9	D8
0x1b	27	PERI[15]	PERI[14]	PERI[13]	PERI[12]	PERI[11]	PERI[10]	PERI[9]	PERI[8]

计算公式：

$$\text{Frequency} = \frac{2 \times 10^6}{\text{PERI}}$$

式中，Frequency为电源频率，频率下限为30.518Hz。

㉖ POW_FAC——功率因数角（只读）

寄存器地址		D7	D6	D5	D4	D3	D2	D1	D0
0x1c	28	POW_FAC[7]	POW_FAC[6]	POW_FAC[5]	POW_FAC[4]	POW_FAC[3]	POW_FAC[2]	POW_FAC[1]	POW_FAC[0]
寄存器地址		D15	D14	D13	D12	D11	D10	D9	D8
0x1d	29	POW_FAC[15]	POW_FAC[14]	POW_FAC[13]	POW_FAC[12]	POW_FAC[11]	POW_FAC[10]	POW_FAC[9]	POW_FAC[8]

描述：经均值滤波后的功率因数角测量值（滤波深度：32）。计算公式：

$$factor = \cos(POW\_FAC \times 0.0015)^\circ$$

㉗ POW_FAC _R——实时功率因数角（只读）

寄存器地址		D7	D6	D5	D4	D3	D2	D1	D0
0x1e	30	POW_FAC_R[7]	POW_FAC_R[6]	POW_FAC_R[5]	POW_FAC_R[4]	POW_FAC_R[3]	POW_FAC_R[2]	POW_FAC_R[1]	POW_FAC_R[0]
寄存器地址		D15	D14	D13	D12	D11	D10	D9	D8
0x1f	31	POW_FAC_R[15]	POW_FAC_R[14]	POW_FAC_R[13]	POW_FAC_R[12]	POW_FAC_R[11]	POW_FAC_R[10]	POW_FAC_R[9]	POW_FAC_R[8]

· 描述：实时功率因数角测量值。计算公式：

$$factor_R = \cos(POW\_FAC\_R \times 0.0015)^\circ$$

㉘ TA _REAL——实时触发角（只读）

寄存器地址		D7	D6	D5	D4	D3	D2	D1	D0
0x20	32	TA_REAL[7]	TA_REAL[6]	TA_REAL[5]	TA_REAL[4]	TA_REAL[3]	TA_REAL[2]	TA_REAL[1]	TA_REAL[0]
寄存器地址		D15	D14	D13	D12	D11	D10	D9	D8
0x21	33	TA_REAL[15]	TA_REAL[14]	TA_REAL[13]	TA_REAL[12]	TA_REAL[11]	TA_REAL[10]	TA_REAL[9]	TA_REAL[8]

描述：实时触发角。计算公式：

$$TA_R = TA\_REAL \times 0.003^\circ$$

■ （6）数字接口

DTC6124N采用通用IIC总线接口，用户可以通过IIC总线访问DTC6124N内部的所有寄存器（某些寄存器为只读寄存器），传输速率最高可达400kHz。通过配置相应的寄存器，可实现对芯片的多种配置，以实现对晶闸管的智能控制。

① IIC总线　IIC总线是包含SCL和SDA两条总线的双向半双工总线。连接到IIC总线上的设备可以是主机也可以是从机，主机将从机的地址发送到IIC总线上，所有的从机将地址读取比较，只有具有相同地址的从机才会响应主机。

DTC6124N只是作为从机使用，在使用时必须将SCL时钟总线和SDA数据总线上拉至电源正极。最大传输速率为400kHz，DTC6124N的地址为7′b0111100(0x3c)。

② 通信协议

a. 起始（START）和停止（STOP）信号。在进行一次总线通信时，主机必须先发送一个起始信号，将时钟总线和数据总线同时置为高电平，在时钟总线为高电平的期间，将数据总线拉低产生一个下降沿，DTC6124N将此作为一次传输的开始；在传输结束时，主机需要发送一个结束信号，在时钟总线为高电平期间数据总线产生一个上升沿的跳变，通知

DTC6124N本次传输结束。根据通信协议，在一次传输结束时，主机也可不发送结束信号，而直接发送起始信号，进行下一轮数据传输。图3-11为详细的时序图。

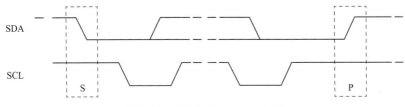

图3-11　起始与停止信号时序图

b. 数据格式和应答（ACK）。IIC总线数据的传输都是以字节为单位的，对传输的字节数没有限制。每完成一个字节传输后必须有一个应答信号（ACK），总线时钟是由主机提供的，从机通过在时钟高电平期间保持数据总线低电平以产应答信号ACK，主机通过ACK*信号判断从机是否收到数据，如图3-12所示。

通常，在IIC总线上，如果从机正在进行其他任务而不能继续接收数据，从机则会将时钟总线拉低，以迫使主机进入等待模式，当任务处理完成后释放时钟总线继续传输。DTC6124N不需要主机进入等待模式，用户可以在任何时刻写入或读出数据。

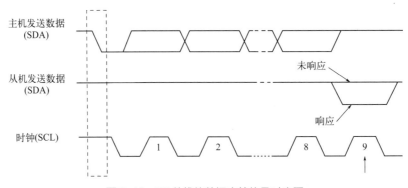

图3-12　IIC总线的数据应答信号时序图

③ 数据传输时序　主机发送一个起始信号经从机响应后，主机继续发送高七位地址和一位读写位，从机根据最低读写位来判断是否接收主机发送的数据或发送数据给主机。主机会释放SDA数据线以等待从机的应答信号。数据传输的开始、结束都是由主机来控制的，空闲时释放总线。此外，主机还可以重复产生多个起始信号（S）和地址来进行多字节的传输，在这种情况下可以不发送停止信号（P），而直接进行下一次数据传输。只有当时钟为低电平时数据才可以更改，当时钟为高电平时数据必须保持，期间任何的变化都会被认为是一个起始或停止信号。IIC总线完整的数据传输过程如图3-13所示。

向DTC6124N的寄存器中写入数据，主机首先要发送一个起始信号，然后向DTC6124N发送7位的IIC地址（0x3c）及1位读写位（1'b0），当第九个时钟主机接收到DTC6124N的应答信号后，主机发送一个寄存器地址。当检测到DTC6124N的应答信号后，主机继续将所要写的数据发送到总线上，接收应答信号后，本次写操作结束，主机发送停止信号。如果要发送多个字节，那么在这个应答信号之后继续发送数据，当所有数据传输完毕后再发送停止信号。这样就实现了向DTC6124N中的寄存器写入数据，下面是写单字节和两字节的过程。

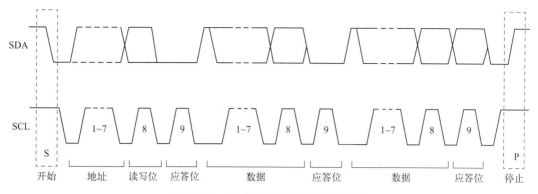

图3-13　IIC总线完整的数据传输过程

写单字节：

主机	S	AD+W		RA		DATA		P
DTC6124N			ACK		ACK		ACK	

写两字节：

主机	S	AD+W		RA		DATA		DATA		P
DTC6124N			ACK		ACK		ACK		ACK	

　　从DTC6124N寄存器中读出数据，主机首先要发送一个起始信号，然后向DTC6124N发送7位的I²C地址（0x3c）及1位读写位（1'b0），当主机接收到从机的应答信号后，发送要读取的寄存器地址，等待DTC6124N应答后重复发送一个起始信号，接着向DTC6124N发送7位的I²C地址（0x3c）及1位读写位（1'b1），等待DTC6124N应答后，主机需要接收总线上的数据。当完成这一字节数据读取后，主机需要向从机发送一位无效的应答信号（NACK，时钟高电平期间保持数据线为高电平），主机再发送一个停止信号结束此次数据读取；若要进行多字节的连续读取，主机只需在第一个字节读取完成后发送有效的应答信号，当所有数据读取完毕后，主机发送的最后一个字节的应答信号必须是无效的，然后需要发送停止信号。下面是读取单字节和两字节的过程。

读单字节：

主机	S	AD+W		RA		S	AD+R			NACK	P
DTC6124N			ACK		ACK			ACK	DATA		

读两字节：

主机	S	AD+W		RA		S	AD+R			ACK		NACK	P
DTC6124N			ACK		ACK			ACK	DATA		DATA		

　　④ 信号功能描述

S：起始信号，时钟线为高电平时，数据线由高电平到低电平产生一个下降沿跳变。

AD：DTC6124N地址。

W：写标志位（0）。

R：读标志位（1）。

ACK：有效应答信号，当时钟线为高电平时，数据线保持低电平。

NACK：无效应答信号，当时钟线为高电平时，数据线保持高电平。

RA：DTC6124N内部寄存器地址。

DATA：发送或接收的数据。

P：停止信号，时钟线为高电平时，数据线由低电平到高电平产生一个上升沿跳变。

■ （7）芯片工作条件（表3-2）

表3-2　芯片工作条件

符号	描述		测试条件	最小值	最大值
VDD	芯片电源电压/V（典型值为3.3V）		温度范围 0 ~ 125℃	3.0	3.6
VIH	输入高电平电压/V		不小于输出高电平电压最小值	2.0	
VIL	输入低电平电压/V		不大于输出低电平电压最大值		0.99
IOH	输出高电平电流	XTALO			−3mA
		SDA	上拉电阻3.3kΩ		−400μA
		G1 ~ G6			−22.5mA
IOL	输出低电平电流/mA	XTALO			2.0
		SDA	上拉电阻3.3kΩ		20
		G1 ~ G6			20
VOH	输出高电平电压/V		VDD取最小值 VIL取最大值 VIH取最小值 IOH取最大值	2.4	
VOL	输出低电平电压/V		VDD取最小值 VIL取最大值 VIH取最小值 IOL取最大值		0.4
IDD	静态电源电流/μA		VDD取最大值		300
IDDQ	动态电源电流/mA		VDD取最大值		15
ILL/ILH	输入低/高电平电流/μA		VDD取最大值	−15	15

■ （8）芯片封装（表3-3、图3-14）

表3-3　芯片封装尺寸

标号	尺寸1/mm			尺寸2/in		
	最小尺寸	正常尺寸	最大尺寸	最小尺寸	正常尺寸	最大尺寸
A	2.35	2.50	2.65	0.093	0.098	0.104
A_1	0.10	0.20	0.30	0.004	0.008	0.012
b	—	0.40	—	—	0.016	—
C	—	0.25	—	—	0.016	—
D	15.10	15.40	15.70	0.594	0.606	0.618
E	7.35	7.50	7.65	0.289	0.295	0.301

标号	尺寸1/mm			尺寸2/in		
	最小尺寸	正常尺寸	最大尺寸	最小尺寸	正常尺寸	最大尺寸
e	—	1.27	—	—	0.050	—
H	10.15	10.45	10.75	0.400	0.411	0.423
K	—	0.50	—	—	0.020	—
L	0.60	0.80	1.00	0.024	0.031	0.039
α	0°	—	8°	0°	—	8°
β	—	45°	—	—	45°	—

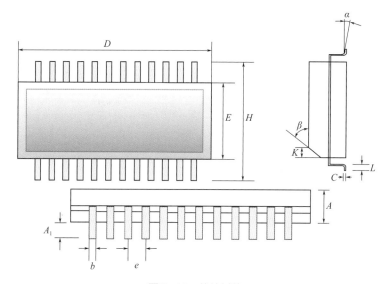

图3-14　芯片封装

■ （9）典型应用电路（图3-15～图3-18）

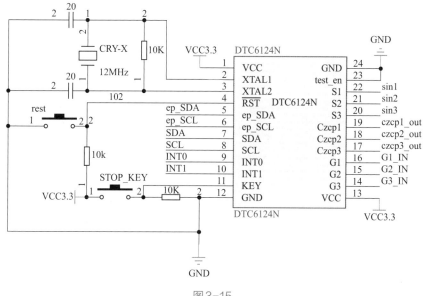

图3-15

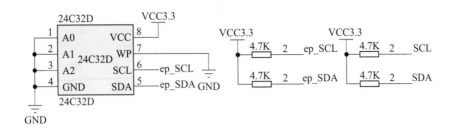

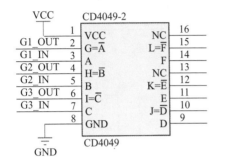

图3-15　最小系统

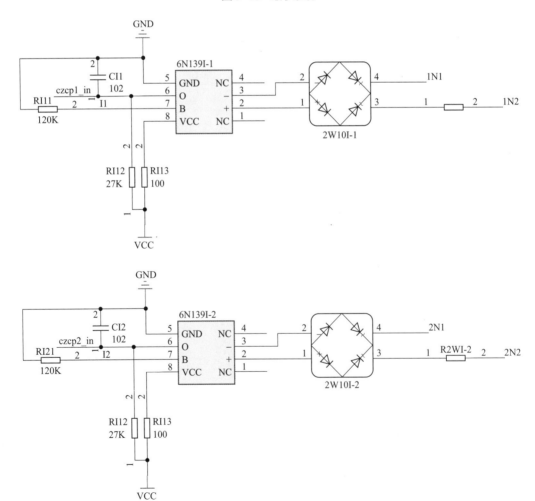

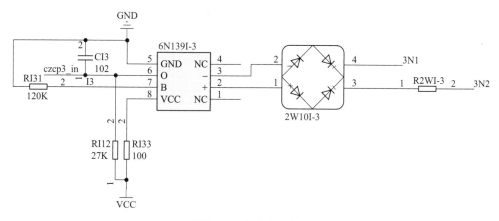

图3-16 电流同步电路

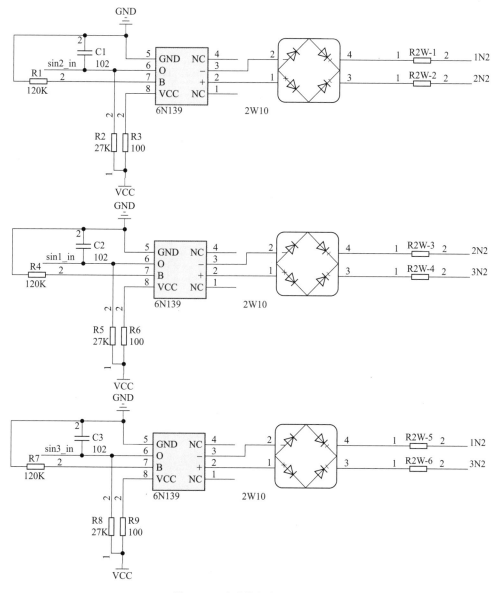

图3-17 自然换相点同步电路

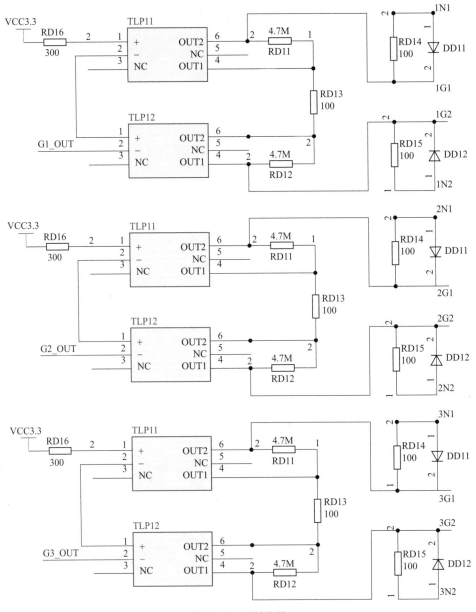

图3-18 驱动电路

3.3.2 数字前端

■ （1）系统级设计

　　根据芯片功能规格，通过数据通道、控制单元（状态机）等进行芯片高层次的抽象设计。数据通道是对芯片结构框图的细化，图3-19为图3-10中IIC_SLAVE模块的数据通道框图，其在进一步划分模块的同时，给出了不同模块之间的连接关系。图3-20为图3-19中u_serial_interface模块对应的状态机，其给出了该模块内部的时序控制关系。采用上述方式对图3-10的所有模块进行数据通道和控制单元设计，即可完成芯片的系统级设计，这里就不一一列举了。

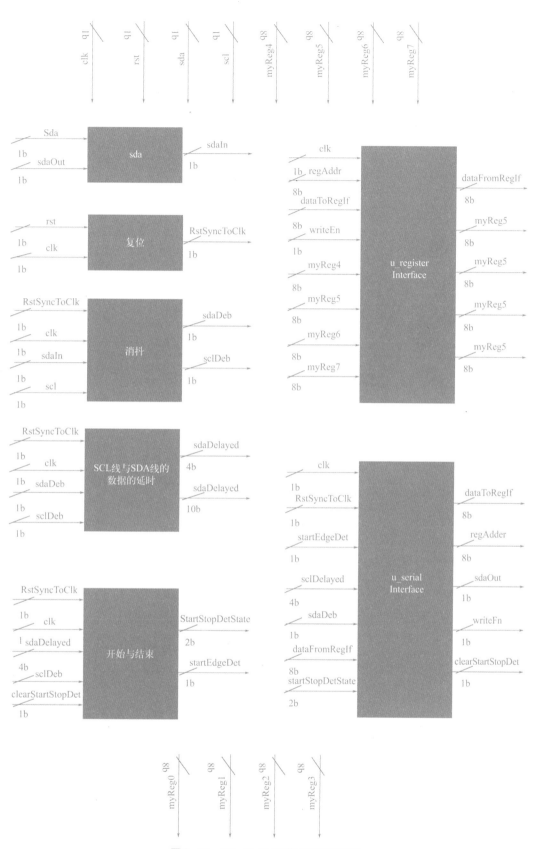

图3-19 IIC_SLAVE 模块的数据通道

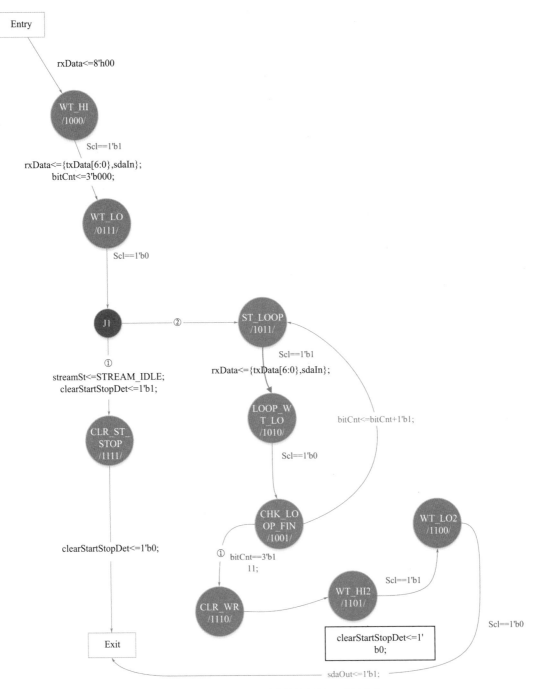

图3-20　IIC_SLAVE模块的控制单元（部分）

■ （2）建模与验证

根据系统级设计结果，应用Verilog HDL对所有子模块进行编码设计与验证，其中，ESCA算法模块的编码设计如图3-21所示，其部分仿真验证结果如图3-22所示。基于所有子模块完成芯片顶层设计，顶层验证采用System Verilog语言搭建的通用验证方法学(Universal Verification Methodology, UVM）平台进行完整的芯片功能验证。这里仅以ESCA算法模块为例，其他模块就不一一列举了。

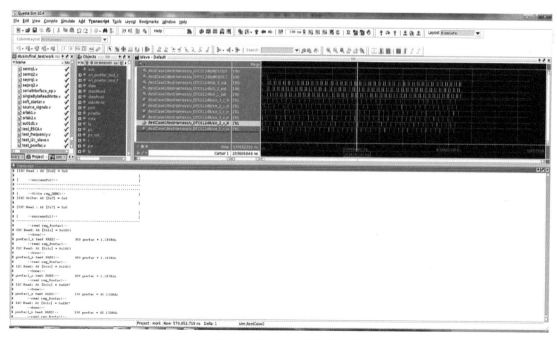

```
xterm
module ESCA(
                                    clk,
                                    rst,
                                    reg_k,
                                    reg_d,
                                    reg_Powfac,
                                    TA_esca,
                                    reg_TA_limit,
                                    reg_TA_limit_u
                                    );//Energy saving control algorithm
input clk,rst;
input [7:0]reg_k;
input [15:0]reg_d;
input [15:0]reg_Powfac;
input [7:0]reg_TA_limit;
input [7:0]reg_TA_limit_u;
output [15:0]TA_esca;

wire [17:0]TA_esca_tmp;
wire [22:0] mul;
wire [17:0] TA_limit;
wire        com;

reg  [17:0] TA_tmp;

assign mul=reg_k*reg_Powfac[15:1];
assign TA_esca_tmp={1'b0,mul[22:6]};
assign TA_limit={2'b00,reg_TA_limit,8'd0};
wire    [17:0]TA_limit_u;
assign TA_limit_u={2'b00,reg_TA_limit_u,8'd0};

assign com=(TA_tmp>TA_limit)?1'b1:1'b0;
reg [15:0]  TA_esca;
wire com_u;
assign com_u=(TA_tmp<TA_limit_u)?1'b1:1'b0;

always@(posedge clk or posedge rst)
if(rst)
begin
TA_tmp<=0;
end
else
begin
TA_tmp<=TA_esca_tmp+{{2{reg_d[15]}},reg_d};
end

always@(TA_tmp[17] or com or reg_TA_limit or reg_TA_limit_u or com_u or TA_tmp[15:0])
begin
```

图3-21　ESCA算法模块代码（部分）

图3-22　ESCA算法模块仿真验证结果（部分）

■ （3）FPGA验证

将上述设计下载到FPGA中，通过适当的配置，即可实现设计的硬件验证，如图3-23所示。相比于前面的仿真验证，FPGA验证的优点是直观、速度快，并可获得实际测试数据，通过数据分析可进一步优化设计。经过FPGA验证的代码，其功能和性能是符合设计要求的，至此数字集成电路前端设计结束了。

(a) FPGA硬件   (b) 示波器波形

图3-23　FPGA验证

3.3.3　数字后端

■ （1）逻辑综合

应用逻辑综合工具和TCL脚本语言将Verilog设计代码翻译、映射为基于目标CMOS工艺的标准单元的设计，通过时序分析等手段综合优化芯片性能、面积和功耗等指标。图3-24即为综合后得到的部分电路原理图。

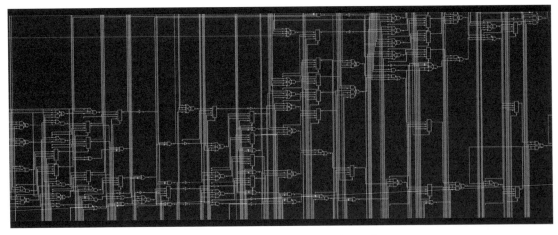

图3-24　逻辑综合后的部分电路原理图

■ （2）可测性设计

应用逻辑综合工具和测试向量生成工具在设计中插入扫描链并生成测试向量，如图3-25所示。生成的测试向量会在芯片终测中使用，用来测试芯片内部缺陷。

```
    }
Pattern "_pattern_" {
  W "_default_WFT_";
  "precondition all Signals": C { "_pi"=\j \r11 0 XXXX; "_po"=\j \r9 X ; }
  Macro "test_setup";
  Ann {* chain_test *}
  "pattern 0": Call "load_unload" {
    "sin_1_v_in"=0011001100110011001100110011001100110011001100110011001100110011001100110011001100110011001100110011001100110011001100110011001100110011001100110011001100110011001100110011001100110011001100110011001100110011001100110011001100110011001100110011001100110011001100110011001100110011001100110011001100110011001100110011001100110011001100110011001100110011001100110011001100110011001100110011001100110011001100110011001100110011001100110011001100110011001100110011001100110011001100110011001100110011001100110011001100110011001100110011001100110011001100110011001100110011001100110011001100110011001100110011001100110011001100110011001100110011001100110011001100110011001100110011001100110011001100110011001100110110;
    "sin_2_v_in"=0011001100110011001100110011001100110011001100110011001100110011001100110011001100110011001100110011001100110011001100110011001100110011001100110011001100110011001100110011001100110011001100110011001100110011001100110011001100110011001100110011001100110011001100110011001100110011001100110011001100110011001100110011001100110011001100110011001100110011001100110011001100110011001100110011001100110011001100110011001100110011001100110011001100110011001100110011001100110011001100110110;
    Call "capture" {
```

图3-25　扫描链的1条测试向量

■ （3）布局布线

应用布局布线工具和TCL脚本语言，基于目标制造工艺完成芯片的布局布线，同时优化芯片性能、面积、功耗，部分结果如图3-26所示。

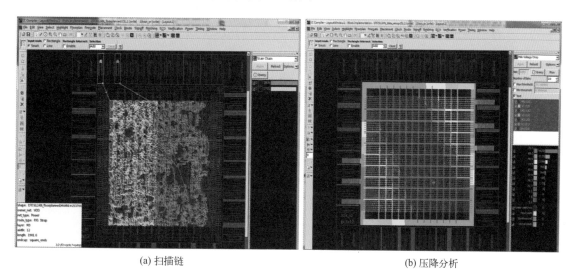

(a) 扫描链　　　　　　　　　　(b) 压降分析

图3-26　布局布线

■ （4）版图验证与Tapeout

应用版图验证工具对布局布线得到的芯片版图进行设计规则检查和版图与网表的一致性检查，增加保护环完成芯片版图设计，最终芯片版图如图3-27所示。从版图中可抽取电路网表及寄生参数（SPICE），通过后仿真可进一步验证芯片功能，不过这一步的速度非常慢。将芯片版图交给芯片代工厂，将其转换为芯片生产制造时使用的光刻掩膜版，就可进行芯片制造了，这个过程称为Tapeout。光刻掩膜版部分数据如图3-28所示。

■ （5）芯片封装

经芯片代工厂加工后得到裸片，封装后的芯片如图3-29所示。

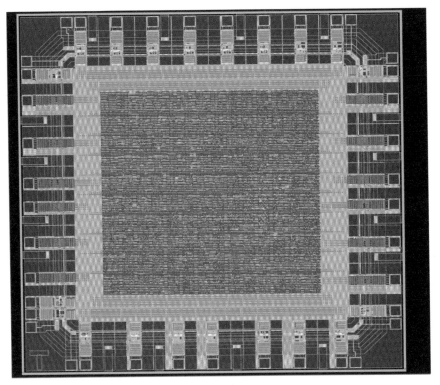

图3-27 芯片版图

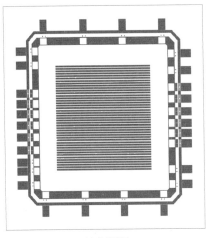

(a) 掩膜版1

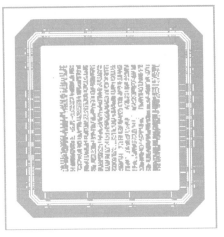

(b) 掩膜版2

图3-28 部分掩膜版数据

(a) 芯片裸片

(b) 塑料封装

(c) 陶瓷封装

图3-29 封装后的芯片

■（6）芯片测试

通过编程应用自动测试设备（Automatic Test Equipment, ATE）对芯片进行测试，包括：直流测试、交流测试、功能测试、结构测试等，以完成对芯片的筛选。图3-30即为芯片直流测试中VOL参数的部分测试结果。

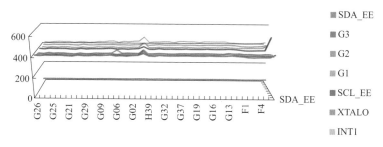

图3-30　直流测试中VOL测试结果统计

■（7）板级验证

将芯片与外围电路制作在同一块印刷电路板（Printed Circuit Board, PCB）上，如图3-31所示。通过实验室实验和现场实验的方式验证芯片功能。

图3-31　测试电路板

芯片设计过程实际上就是抽象层次由高到低的过程，简单芯片和复杂芯片的区别是难度不同，但设计流程相似。上述实例仅仅给出了不同阶段的很小一部分结果，且每个阶段出现问题都需要追溯到前一个流程甚至从头再来。经验丰富的设计师迭代次数相对少，芯片上市时间短，设计成本相对就低。

3.4　数模混合集成电路设计实例

下面以一款8位模数转换器（Analog-to-Digital Converter，ADC）的IP设计实例来进一步直观地给出数模混合集成电路的设计过程。

3.4.1　功能规格

此ADC为电容式逐次逼近型，采用180nm CMOS工艺，主时钟频率为16MHz，采样时间为2个时钟周期，量化时间为10个时钟周期，INL≤1LSB，DNL≤1LSB，其他性能参数这里就不一一列举了。图3-32为此ADC的结构原理框图，其中，k0～kn为可控开关；Vin为模拟输入量；Vref为参考电压，即带隙输出电压；DataOut为量化输出结果。Control logic为数字电路，其他均为模拟电路，因此本设计是一个数模混合集成电路设计。

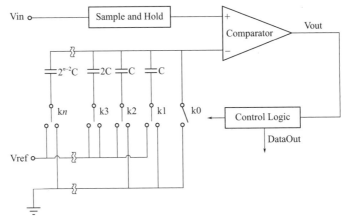

图3-32　ADC结构原理框图

Vin—模拟电压输入；Vref—参考电压；Sample and Hold—采样和保持模块；Comparator—比较器模块；
Control Logic—控制模块；Vout—比较器输出；DataOut—量化结果输出

3.4.2　数字前端

图3-33为该ADC电路中Control Logic数字模块的前端设计结果，（a）为应用Verilog语言进行Control Logic模块建模；（b）为该模块的仿真验证结果；（c）为逻辑综合后得到的Verilog格式的网表；（d）为转换得到的SPICE格式网表；（e）为转换得到的该模块的顶层原理图。与3.3节数字前端相比，多了SPICE网表和原理图两个过程，即在数字前端的基础上，将逻辑综合的结果转换为电路原理图，目的是与模拟设计前端设计进行合成。

3.4.3　模拟前端

应用模拟集成电路设计工具，基于目标制造工艺，通过电路设计、仿真，优化电路性能、面积、功耗，部分结果如图3-34所示。

3.4.4　混合设计

基于数字前端和模拟前端的设计结果，通过将二者导入模拟集成电路设计工具，即可实现整体电路的仿真。图3-35为整体电路原理图，右下角的ADC即为Control Logic数字模块，其他均为模拟电路。图3-36为部分仿真结果。

接下来，数字部分进行布局布线、版图验证，模拟电路则借助版图工具，全定制绘制版图并进行验证，最终将数字版图和模拟版图进行混合拼版并验证，即可完成数模混合集成电路IP的设计。

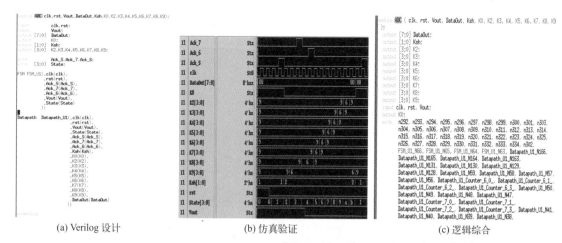

(a) Verilog 设计　　　　　　(b) 仿真验证　　　　　　(c) 逻辑综合

(d) SPICE网表　　　　　　　　　(e) 原理图

图3-33　数字前端

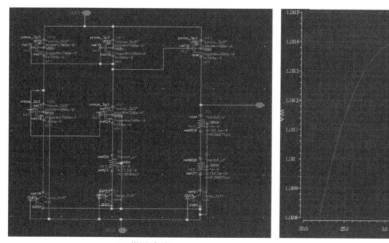

(a) 带隙电路　　　　　　　　　　(b) 温度扫描

图3-34　模拟前端

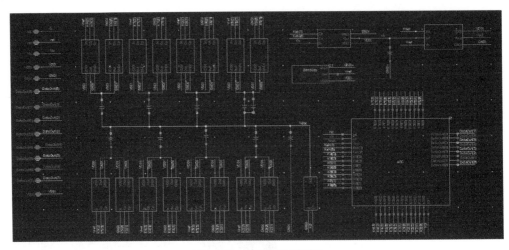

图3-35　整体电路原理图

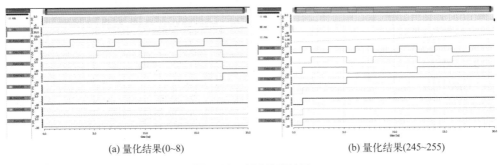

(a) 量化结果(0~8)　　　　　　　　　　　　(b) 量化结果(245~255)

图3-36　部分仿真结果

<table>
<tr><td>3.5</td><td>FPGA系统开发实例</td></tr>
</table>

3.5 FPGA系统开发实例

下面以可实现HDMI视频显示及图像处理的基于FPGA的可编程片上系统设计为例，进一步直观地给出FPGA系统开发的设计过程。

3.5.1　硬件开发

应用FPGA开发工具，通过调用IP的方式，完成视频显示系统的设计，如图3-37所示。采用ARM Cortex-A9硬核处理器，VDMA作为AXI从设备，实现视频数据的直接存储器访问。VTC模块用于生成时序信息，最终通过AXI4-Stream to Video Out模块输出到外部显示。HDMI_Display为应用Verilog语言开发的HDMI接口，其他IP均为工具提供的现成IP。通过FPGA开发工具完成仿真验证、逻辑综合、布局布线、添加端子约束等。

3.5.2　软件开发

基于上述硬件，应用相应的软件开发工具，采用C语言进行软件开发，并实现视频处理算法。软件开发界面如图3-38所示。

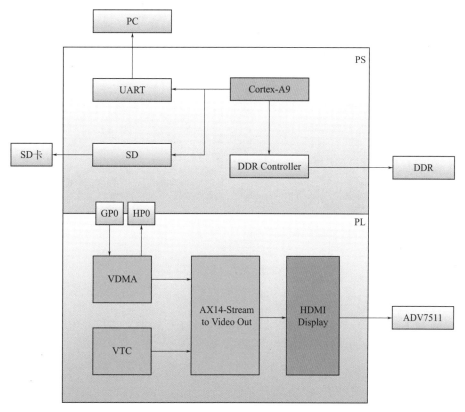

图3-37　顶层原理图

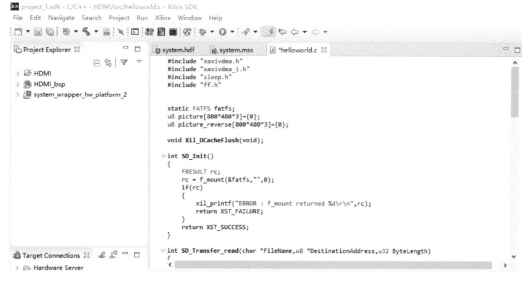

图3-38　软件开发界面

3.5.3　硬件调试

将上述软硬件下载到FPGA开发板中，即可进行硬件调试。图3-39中(a)为原始彩色图像的灰度效果图，(b)为原始彩色图像的锐化效果图。

(a) 灰度效果　　　　　　　　　　　　　　　　(b) 锐化效果

图3-39　硬件调试结果

参考文献

[1] Rabaey J M. 数字集成电路——电路、系统与设计[M]. 2版. 周润德，译. 北京：电子工业出版社，2017.

[2] Razavi B. 模拟CMOS集成电路设计[M]. 2版. 池保勇，编译. 西安：西安交通大学出版社，2019.

[3] 孙晓凌，张永锋，周国顺，等. 一种用于三相交流调压与整流的全数字可控硅控制器芯片[P]. CN 103942379B. 2017-05-24.

习题

1. 集成电路设计EDA工具对集成电路设计来说是不可或缺的，请调研国内至少一家EDA工具厂商及其产品应用。

2. 请调研国内至少一家FPGA厂商及其产品应用。

3. 请调研国内至少三家集成电路设计公司及其产品应用。

4. 请对比FPGA与嵌入式微处理器的优缺点。

5. 请调研射频集成电路或MEMS的设计开发流程。

第 **4** 章

集成电路应用领域

▶▶ 思维导图

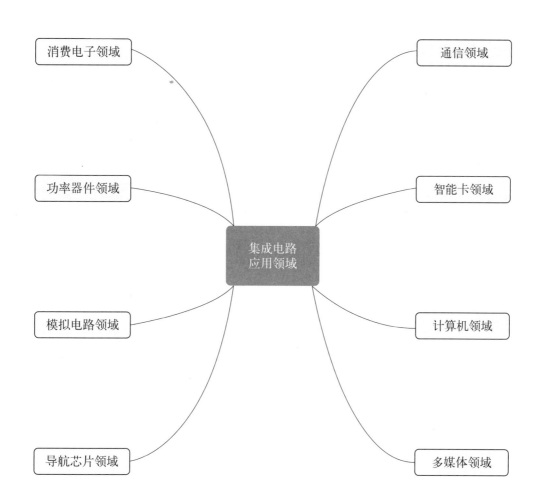

4.1 通信领域

4.1.1 通信技术简介

要想了解集成电路在通信领域的应用，首先要了解什么是通信技术。在古代，人类通过驿站、飞鸽传书、烽火报警等方式进行信息传递，这就是最初的通信。随着现代科学技术水平的飞速发展，相继出现了无线电、固定电话、移动电话，甚至视频电话等各种通信方式。可以说，通信技术拉近了人与人之间的距离，提高了经济的效率，深刻地改变了人类的生活方式和社会面貌。

对通信技术进行简单介绍后，接下来将介绍在集成电路的帮助下，通信技术是如何被广泛地应用在生活中的各个领域的。

4.1.2 通信产品的分类

通信的种类分为传输媒质为导线、电缆、光缆、波导、纳米材料等形式的有线通信与传输媒质看不见、摸不着(如电磁波)的无线通信。通信产品种类众多，本节主要介绍集成电路在无线通信领域的应用。现代生活离不开移动通信，从信息的生成、传输到接收，网络通信的背后蕴含着数不清的智慧结晶。随着通信技术的不断演变，集成电路技术也在不断发展。接下来将按照1G到5G的演进来介绍集成电路在通信领域的应用。

1G通信是现代通信领域内最早的通信技术，由摩托罗拉公司开创。1G技术十分具有战略意义，是摩托罗拉公司首次尝试研发无线通信设备。1941年，摩托罗拉研发了第一款跨时代的产品SCR-300，该产品使用了模拟集成电路技术，通信距离达到了12.9km。SCR-300如图4-1所示。

如果说1G通信技术中的王者是摩托罗拉，那么2G通信技术的黑马就是诺基亚。摩托罗拉靠着模拟集成电路技术垄断了1G通信产品的市场。但是随着集成电路的飞速发展，

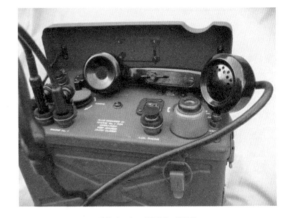

图4-1 SCR-300

在通信领域，数字电路技术逐渐取代了模拟电路技术。欧洲和美国基于数字集成电路芯片技术相继推出2G通信协议——GSM和CDMA。随着数字手机的生产，辉煌了20年的摩托罗拉彻底"走下神坛"，诺基亚成为2G通信领域的领军者。2G基带芯片如图4-2所示。

随着硬件行业的发展，满足更高需求的通信协议落地。3G通信技术应运而生，3G最大的优点就是更快的网速，3G的网速是2G的30多倍。虽然3G技术成熟，但是通信市场并没有及时推广，究其原因还是受到了硬件发展的限制。没有硬件通信芯片作支撑，再强大的技术也无法落地生产。随着3G芯片的成熟与应用，在2007年、2008年左右，3G网络才真正普及。如果每个时代都会崛起一位顺应时代的王者，那么3G时代的"天选之子"就是智能手机时代的领航者——苹果公司。苹果公司推出了智能手机iPhone，将诺基亚拉下了神坛。

3G基带芯片如图4-3所示。

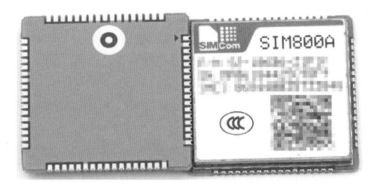

图4-2　2G基带芯片

图4-3　3G基带芯片

4G时代的发展并没有前3G那么波澜壮阔，随着技术日新月异的发展，大浪淘沙后的企业都经历了技术的平稳过渡。同样的，4G网速是3G的50多倍，值得庆祝的是我国的华为海思、紫光锐展和联发科等公司独立设计了4G基带芯片。4G基带芯片如图4-4、图4-5所示。

图4-4　联发科4G基带芯片

图4-5　紫光锐展4G基带芯片

5G网速可高达10Gbps，比4G快达100倍，可以轻松看3D影片或4K电影。容量与能耗方面：为了物联网（IoT）、智慧家庭等应用，5G网络能容纳更多设备连接，同时维持低功耗的续航能力；低时延方面：工业4.0智慧工厂、车联网、远程医疗等应用，都必须超低时延。5G的容量是4G的1000倍，峰值速率10～20Gbps，意味着需要采用更高的频段，建设更多的基站，并引入Massive MIMO等关键技术。我国在5G芯片领域也实现了技术上的弯道超车，华为率先研发出了5G基带芯片。5G基带芯片如图4-6、图4-7所示。

图4-6　骁龙888 5G基带芯片

图4-7　麒麟9000 华为5G基带芯片

4.1.3 通信的发展趋势

5G时代的到来，为更好的科技生活带来了无限希望。5G网络能容纳更多设备连接，使万物互联、智能家庭、无人工厂、远程医疗等都成为可能。相信随着集成电路行业的持续发展，通信领域也会发生翻天覆地的变化。在集成电路硬件的发展和加持下，不只是通信协议，智能生态系统、智能医疗和人工智能领域也同样未来可期。

5G通信的本质就是将超大量数据短时间远距离地快速无损传递。这一特性在集成电路的加持下可以应用到未来生活的方方面面。例如，2022年的冬奥会，我国就利用5G通信技术和图像捕捉技术，实现了冬奥会场馆内360°无死角的极速抓拍，不放过每个角度、每一帧的图像信息，真正做到公平、公正、公开的有据可依。正是因为5G通信技术的支持，才能快速地传输如此大容量的数据。

5G时代只是通信发展趋势的一环，随着通信技术的发展，未来还会有更快更强的通信协议和便民工程，这便是通信的发展趋势。

4.1.4 集成电路在通信领域的代表企业

全球能够设计5G基带芯片的企业也属凤毛麟角，究其原因就在于专利技术。能够独立设计5G芯片的公司，包括美国的高通公司、中国的华为公司、中国的紫光公司、中国的联发科公司。高通公司的代表产品为晓龙888芯片（图4-6），华为公司的代表产品为麒麟9000芯片（图4-7），紫光公司的代表产品为UNISOCT626，联发科公司的代表产品为MT6595W（图4-4）。苹果公司打包购买了因特尔公司的整体基带设计团队，想要在基带芯片领域不再受高通公司的钳制。但因为5G基带芯片设计技术大部分专利都在高通公司和华为公司手中，因此苹果公司至今仍未设计出自己的5G芯片。近年来，在政策支持力度加大、资金投入增多，以及工程师红利等因素的带动下，芯片行业的发展欣欣向荣。

4.2 智能卡领域

4.2.1 智能卡简介

智能卡（Smart Card），也被翻译成"聪明卡""智慧卡"，是内部嵌有集成电路芯片的塑料卡的统称。智能卡一般需要通过读写器才能进行数据交互。一般的智能卡由CPU、RAM以及输入/输出端口组成，可以在不增加上位机CPU负担的情况下自行处理数据。因为其处理数据准确快速等特点，被广泛应用在生活中的各个领域。

智能卡的核心技术就是IC（Integrated Circuit）卡，翻译为集成电路，因此智能卡与集成电路的关系也就不言而喻。那么IC卡是如何被设计出来的呢？这就不得不说一下IC卡的前身ID（Identification Card）卡了。ID卡诞生于1969年12月，由一位日本工程师有村国孝发明制造。设计之初的想法是要制造一种更为可靠的信用卡。但是关于智能卡的发明，至今仍然争论不休，因为有两位德国的电气工程师也在1969年提出了名为"带有集成电路卡片"的专利申请。这两位工程师分别是尤尔根·戴德罗夫和赫尔穆特·格罗特罗普，并于1977

年进一步提交了名为"带有微处理功能的卡片"的专利申请，如图4-8所示。

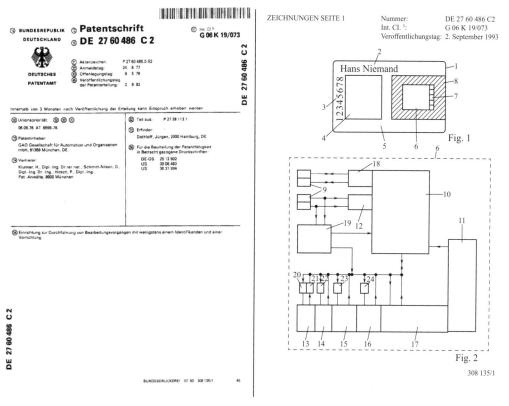

图4-8　智能卡早期的专利

　　虽然上述三位工程师提交的专利更早，但是其设计过于简单，因此业界很多人认为智能卡是由法国科学记者罗兰·莫瑞诺在1974年发明的。罗兰发明的智能卡功能更完善，安全性与可靠性也更高，它使用塑料将集成电路芯片封装成卡片的形状，奠定了智能卡的雏形。图4-9为罗兰智能卡的专利申请。从图中可以看出，罗兰的智能卡专利设计确实更为复杂和完善。

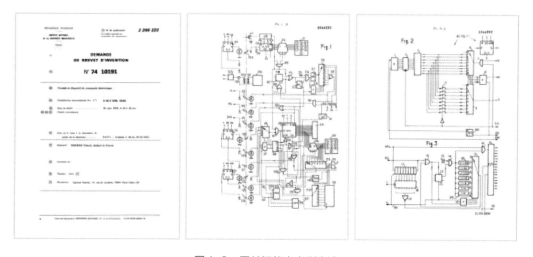

图4-9　罗兰智能卡专利申请

4.2.2 智能卡的分类

智能卡的分类方法有很多，例如从使用方法上，智能卡就分为接触式使用和非接触式使用两种；从数据传输方式上，又分为串行智能卡和并行智能卡；在应用领域上，又分为金融卡和非金融卡等。智能卡分类如图4-10所示。下文会对上述分类的智能卡逐一介绍。首先以集成电路专业的视角对智能卡进行分类，即以内部集成的芯片类别进行划分，共分为五种。

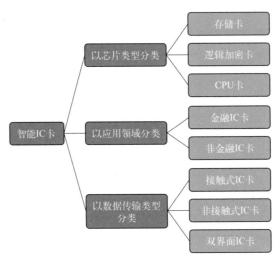

图4-10　智能卡的分类

■ （1）存储卡

卡内芯片为电可擦除可编程只读存储器（Electrically Erasable Programmable Read Only Memory，EEPROM），以及地址译码电路和指令译码电路。为了能把它封装在0.76mm的塑料卡基中，特制成0.3mm的薄型结构。存储卡属于被动型卡，通常采用同步通信方式。这种卡片存储方便、使用简单、价格便宜，在很多场合可以替代磁卡。但该类IC卡不具备保密功能，因而一般用于存放不需要保密的信息。例如医疗上用的急救卡、餐饮业用的客户菜单卡。常见的存储卡有ATMEL公司的AT24C16、AT24C64等，如图4-11所示。

■ （2）逻辑加密卡

逻辑加密卡是一种融合了EEPROM存储功能和加密逻辑的卡片，其芯片内部的数据区域经过加密处理。在读写过程中，卡片与读卡器通过特定加密算法和预置的唯一密钥进行交互，有效实现了密钥管理和防复制机制，即使非法设备截取传输数据，也无法直接破解或复制卡片内容，从而确保了卡片内资金和个人信息安全。该类卡片存储量相对较小，价格相对便宜，适用于有一定保密要求的场合，如食堂就餐卡、电话卡、公共

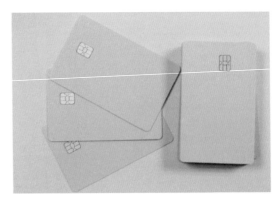

图4-11　存储卡

事业收费卡。常见的逻辑加密卡有SIEMENS公司的SLE4442、SLE4428，ATMEL公司的AT88SC1608等。如图4-12所示的公交卡即为逻辑加密卡。

■ （3）CPU卡（图4-13）

该类卡片芯片内部包含微处理器单元（CPU）、储存单元（RAM、ROM和EEPROM）和输入/输出接口单元。其中，RAM用于存放运算过程中的中间数据，ROM中固化有片内操作系统（Chip Operating System，COS），而EEPROM用于存放持卡人的个人信息以及发行单位的有关信息。CPU管理信息的加/解密和传输，严格防范非法访问卡内信息，发现数次非法访问，将锁死相应的信息区（也可用高一级命令解锁）。CPU卡的容量有大有小，价格比逻辑加密卡要高。但CPU卡良好的处理能力和上佳的保密性能，使其成为IC卡发展的主要方向。CPU卡适用于保密性要求特别高的场合，如金融卡、军事密令传递卡等。国际上比较著名的CPU卡提供商有Gemalto、G&D、Schlumberger等。

图4-12　逻辑加密卡

图4-13　CPU卡

■ （4）超级智能卡

在CPU卡的基础上增加键盘、液晶显示器、电源，即成为一超级智能卡，有的卡上还具有指纹识别装置。VISA国际信用卡组织试验的一种超级卡即带有20个键，可显示16个字符，除有计时、计算机汇率换算功能外，还存储有个人信息、医疗、旅行用数据和电话号码等。

■ （5）光卡

1981年，美国一家公司提出光卡概念，从而丰富了卡片式数据存储方式。光卡（Optical Card，OC）是由半导体激光材料组成的，能够储存纪实并再生大量信息。光卡记录格局形成了两种格局：Canon型和Delta型，这两种形式均已被国际标准化组织接收为国际标准。光卡具有体积小、便于随身携带、数据安全可靠、容量大、抗干扰性强、不易更改、保密性好和价格相对便宜等优点。

4.2.3　智能卡的应用领域

智能卡早期的应用领域比较单一，主要应用在通信领域中。随着科技的发展，时代的进步，集成电路行业的发展也越来越成熟，智能卡的应用领域也越发广泛。现代社会几乎各行各业都会涉及智能卡技术的应用。智能卡的应用与现代生活越来越息息相关。

以中国智能卡的发展为例，从20世纪90年代中期开始起步，此后一路高歌猛进，在各种行业应用中都有了智能卡的身影。回眸过往，人们依然清晰地记得20世纪90年代末电信卡铺天盖地的推广。如果智能卡在电信领域的推行是一次行业应用的拓展，那么进入21世纪之后，居民二代身份证的换发则将智能卡的发展推向了第一个巅峰。

自金卡工程启动以来，中国智能卡事业发展迅速，近年来，一卡多用的现象越来越广泛，各种各样一卡通的应用越来越普及。未来，智能卡一卡多用的技术将日益成熟，以后人们的生活与消费或许仅仅使用一张卡就能够完成全部的应用。现在，我国智能卡应用的主要领域包括：身份识别领域、通信领域、金融领域、一卡通领域以及社保领域等，其中银行IC卡、城市一卡通、二代身份证、居住证、移动通信卡、社保卡等是最主要的应用方向。智能卡的全流程图如图4-14所示。

物联网的重要应用领域有很多，比如智能医疗、智能交通以及金融与服务业。在智能医疗领域，医疗卡以及社保卡的应用可以使百姓就医变得简单；在智能交通领域，高速公路快通卡与城市一卡通等非接触智能卡让交通变得更加便捷、更加高效；在金融与服务领域，银行IC卡的发行可以在很大程度上提高个人账户的安全性。现如今，银行IC卡、城市一卡通、社保卡、居住证等已成为智能卡市场的热点领域。

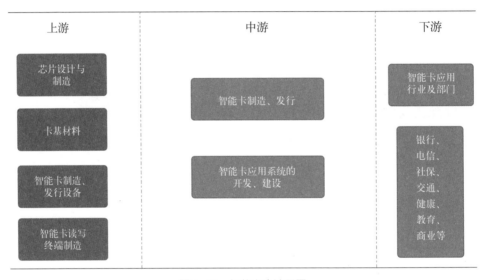

图4-14　智能卡全流程图

4.2.4　智能卡的发展趋势

据中国半导体行业协会统计，2014—2020年，中国集成电路产业销售额从3015.4亿元增长至8848亿元，GAGR为19.6%。这主要受物联网、新能源汽车、智能终端制造和新一代移动通信等下游市场的驱动。IC卡由于便于携带、存储量大而日益受到人们的青睐。当下，中国已成为全球最大的智能卡市场之一。

从产品交易量上看，智能卡的发展是稳步增长的。近年来，我国银行账户数量保持持续增长：一方面，近年来社会资金交易规模不断扩大，支付业务量稳步增长，借记卡、信用卡作为交易活动的重要媒介，市场需求较为可观；另一方面，金融IC卡所具备的行业应用属性进一步拓展了借记卡和信用卡的使用场景和应用领域，为借记卡和信用卡市场增加了新的动力。随着中国经济蓬勃发展，借记卡、信用卡发卡数量有望保持较快增速，行业市场规模稳步增长。

智能卡领域新的发展方向，便是SIM卡行业。随着移动互联网的高速发展以及智能手机的大规模普及，传统SIM卡市场已接近饱和，但随着国家5G战略不断推进，5G-SIM卡有望迎来大幅增长。同时，近年来云服务、大数据、传感器等技术的高速发展，为物联网产业增长提供了良好的条件。5G的加速落地，将为通信智能卡行业带来新的发展机遇。依托网络传输互联、云计算、大数据处理和机器学习等新兴技术的物联网业务，将会是运营商以及智能物联网通信卡业务新的增长点。

智能卡电子化是伴随着移动互联网、网络安全等技术的发展和智能手机的普及所导致的趋势，其主要包括智能卡功能电子化和无卡化两种形式。智能卡功能电子化即对实体卡的特定功能予以电子化，通常是依托实体卡进行应用扩展、延伸以满足特定人群在特定场景的便捷使用需求，是实体卡的有效补充，也是目前最主要的智能卡电子化形式；无卡化指不再依托实体智能卡作为媒介，通过生物识别等技术直接关联个人身份、数据信息，以实现智能卡的相关功能，但出于安全性、隐私性等考量，无卡化在金融、社保、通信等领域存在难以逾越的障碍。

4.2.5 智能卡芯片制造的代表企业

相较于全球，国内智能卡芯片厂商规模较小。近年来，在政策支持力度加大、资金投入增多，以及工程师红利等因素的带动下，国内企业不断积累技术经验和人才队伍，智能卡芯片产能逐步增加，智能卡芯片国产化趋势明显。

国内智能卡芯片厂商不但规模较小，而且智能卡芯片市场格局较为分散，国内厂商主要集中在紫光国微、中电华大、复旦微电、国民技术和聚辰股份等企业。从销售收入来看，紫光国微智能卡芯片市场份额居国内厂商首位。中电华大智能卡芯片市场份额占比较高，其次为复旦微电和国民技术。

4.3 计算机领域

要想了解集成电路在计算机领域的应用，那么首先就要了解什么是计算机。21世纪的今天，计算机大家并不陌生，计算机俗称电脑，是现代一种用于高速计算的电子计算机器，既可以进行数值计算，又可以进行逻辑计算，还具有存储记忆功能，是能够按照程序运行，自动、高速处理海量数据的现代化智能电子设备。

计算机由两部分组成，即硬件部分和软件部分。硬件部分包括系统电源、计算机主板、中央处理器（CPU）、内存、硬盘（外部存储器）、声卡、显卡、网卡等核心硬件。在计算机的硬件系统中，除电源和硬盘外，其余设备都是基于集成电路技术设计生产出来的。

计算机主板是计算机中各个部件共同的工作平台，所有设备都需要安装在主板上。主板影响着整机工作的稳定性，而主板核心即电路的集成。中央处理器又叫CPU，是一台计算机的心脏和大脑，是计算机最主要的元器件之一，主要负责运算和控制。CPU不仅是计算机的核心部件，更是集成电路产品中的集大成者。因其优越的性能和复杂的设计架构，CPU一直是集成电路芯片设计领域中的重中之重。CPU产品图如图4-15所示。

内存又叫内部存储器或者随机存储器（RAM），分为DDR、SDRAM、ECC、REG。内存属于电子式存储设备，由电路板和芯片组成，特点是体积小、速度快、有电可存、无电清空，即电脑在开机状态时内存中可存储数据，关机后将自动清空其中的所有数据。内存产品图如图4-16所示。

图4-15　CPU产品图

图4-16　内存产品图

硬盘属于外部存储器，分为两种，一种是机械硬盘，由金属磁片或玻璃磁片制成；另一种是固态硬盘，用固态电子存储芯片阵列制成硬盘。固态硬盘集成度更高，运行速度也更快。固态硬盘产品图如图4-17所示。

声卡是组成多媒体电脑必不可少的硬件设备，其作用是当发出播放命令后，声卡将电脑中的声音数字信号通过DAC芯片转换成模拟信号送到音箱上发出声音。声卡产品图如图4-18所示。

图4-17　固态硬盘产品图

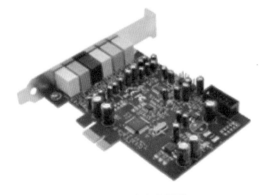

图4-18　声卡产品图

显卡（图4-19）在工作时与显示器配合输出图形、文字，将计算机系统所需的显示信息进行转换驱动，并向显示器提供行扫描信号，控制显示器的正确显示，是连接显示器和计算机主板的重要元件。显卡和CPU一样具有优秀的计算能力，同样也是集成电路芯片设计领域的重心。

网卡是工作在数据链路层的网络组件，是局域网中连接计算机和传输介质的接口，不仅能实现与局域网传输介质之间的物理连接和电信号匹配，还涉及帧的发送与接收、帧的封装与拆封、介质访问控制、数据的编码与解码以及数据缓存的功能等。网卡的核心技术同样离不开芯片和集成电路专业技术的支持。网卡产品图如图4-20所示。

图4-19　显卡产品图片

图4-20　网卡产品图

4.4 多媒体领域

4.4.1 多媒体简介

要想了解集成电路在多媒体领域的应用，首先要了解什么是多媒体。多媒体为多种媒体的综合，一般包括文本、声音和图像等多种媒体形式。多媒体作为一种新兴技术在我国快速发展传播，起初多媒体技术的定义为通过计算机对语言文字、数据、音频、视频等各种信息进行存储和管理，使用户能够通过多种感官跟计算机进行实时信息交流的技术。多媒体技术所展示、承载的内容实际上都是计算机技术的产物。但是随着科技的不断发展进步，多媒体不再局限于计算机技术，多媒体的硬件载体的发展也越来越多样化。现在多媒体的定义更多是指承载和传输某种信息或物质的载体。传输的信息包括语言文字、数据、视频、音频等。

4.4.2 多媒体芯片的种类

多媒体技术即是将声音、图像、视频等信息转化为数字信息文件，再通过承载和传播，使人们感受体验到这些信息。多媒体芯片也是据此进行分类，分为图像采集芯片、音频处理芯片、视频编解码芯片等。

■ （1）图像采集芯片

图像采集芯片只是一个统称，其实更准确应该叫它图像采集SoC芯片。SoC即片上系统，图像采集芯片是由多个不同种类的芯片协同工作共同组成的一个系统级芯片。该芯片将光能信号转换为电能信号，然后再进行显示。首先通过光学传感器采集自然光，将自然光信号转换成模拟电信号，通过ADC（模数转化器）芯片将模拟电信号处理为数字电信号，再将数字信号存储在SDRAM芯片上方便后续DAC（数模转换器）芯片将数字信号还原为模拟电信号，最终将模拟信号在显示器上进行显示。其过程包括CCD采样芯片或CMOS采样芯片（光信号转电信号）采样，ADC芯片处理（模拟信号转数字信号），数据传输(SDRAM储存)，分辨率选择，采样频率配置，传输速率配置图像格式和颜色空间选择等多项操作，最终完成图像数据转换为数字文件。其核心为CCD采样芯片或CMOS采样芯片及ADC转换芯片。CCD采样芯片如图4-21所示，CMOS采样芯片如图4-22所示。

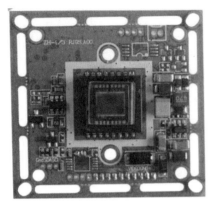

图4-21　CCD采样芯片

图4-22　CMOS采样芯片

■　（2）音频处理芯片

　　音频处理芯片同样也只是一个统称，更准确的叫法为声卡（Sound Card），也叫音频卡，是实现声波/数字信号相互转换的一种芯片。声卡的基本功能是把来自话筒、磁带、光盘的原始声音信号加以转换，输出到耳机、扬声器、扩音机、录音机等声响设备，或通过音乐设备数字接口（MIDI）发出合成乐器的声音。声卡和图像采集芯片的原理相似，通过对原始声音即模拟信号的采集，将声波振幅信号采样转换成数字信号，同样这里也离不开ADC芯片。再将转换好的数字信号进行储存、处理或播放操作，进而达到实现多媒体的目的。声卡图片如图4-23所示。

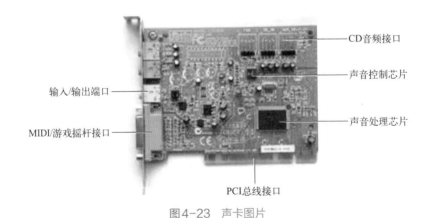

CD音频接口
声音控制芯片
输入/输出端口
声音处理芯片
MIDI/游戏摇杆接口
PCI总线接口

图4-23　声卡图片

■　（3）视频编解码芯片

　　视频编解码芯片也不仅仅是一颗芯片，它同样是SoC的结构，拥有多颗芯片协同处理的一个系统级的设计。说到视频编解码芯片就一定离不开视频编解码技术，即将视频通过图像处理压缩，再进行存储和播放。随着视频编解码技术的不断革新，从最早的MPGE标准到前几年的H.264标准，再到最新的H.265标准，在同等画质的条件下，压缩比变得越来越小，不仅节省了存储空间，也降低了对网络传输的带宽要求。同样地，对硬件的计算能力需求也越来越高。以海思的视频编解码SoC举例，其由以下几个模块组成：ISP（Image Signal Processing）图像信号处理芯片，基于ARM的CPU（中央处理器）芯片，IVE硬件加速器芯片和RAM（Random Access Memory）存储器芯片，NEON是适用于ARM Cortex-A系列处理器的一种128位SIMD（Single Instruction Multiple Data，单指令多数据）扩展结构，如图4-24所示。基于H.265协议视频编解码芯片如图4-25所示。

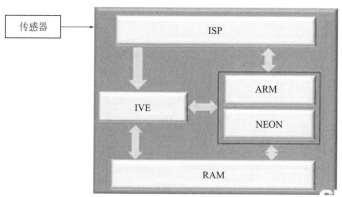

图4-24　海思SoC组成示意图

图4-25　H.265的视频编解码芯片图

4.5　导航芯片领域

4.5.1　导航芯片简介

导航芯片又称为导航定位芯片，一般作为高集成度SoC片上导航系统的核心芯片。其功能主要包括全球定位系统（Global Positioning System, GPS），全球移动通信系统（Global System for Mobile Communications, GSM）和通用无线分组业务（General Packet Radio Service, GPRS）数据通信。导航芯片多用于卫星导航定位，属于基带芯片类型，一般作为定位终端机的核心。导航系统芯片在内部集成了GPS、GSM、SRAM、USB2.0接口、LCD接口、MMC/SD接口、Keypad接口、UART接口和GPIO接口等。因为接口资源丰富，更方便外围电路的设计和终端机功能的实现。如图4-26为导航芯片SoC。

图4-26　导航芯片SoC

4.5.2　导航芯片的种类

导航芯片的基本功能就是定位，其核心技术就是通过卫星对导航芯片（基带芯片）进行定位。导航芯片的种类可以根据由不同国家生产的进行划分。据不完全统计，目前市面上的导航系统可分为四种，分别是美国的全球定位系统GPS，俄罗斯的"格洛纳斯"导航系统，欧洲的"伽利略"导航系统和我国自主研发的"北斗"导航系统。接下来我们分别介绍一下这四种类型的导航芯片。

■ （1）美国全球定位系统GPS

GPS不仅包括31颗卫星，还拥有1个地面主控站、3个数据注入站和5个检测站。近年来，美国GPS提高了军用信号的抗干扰能力，改善了导航精度，并增加了新的民用频道。其技术已经非常成熟，综合定位的精度可以达到30～500cm，民用精度约10m。全球信号覆盖率达到98%，是目前世界上最常用的导航系统。

■ （2）俄罗斯的"格洛纳斯"导航系统

格洛纳斯是GLONAS（Global Navigation Satelite System）的音译，最早开发于苏联时期，后由俄罗斯继续完善该计划。格洛纳斯的正式组网比GPS还要早，不过苏联的解体让格洛纳斯的发展与完善受到了很大的影响，正常运行的卫星数量大减。到了21世纪初，随着俄罗斯经济的好转，推出了格洛纳斯-M和更加现代化的格洛纳斯-K卫星。该系统目前已拥有28颗卫星，抗干扰的能力很强，最大精度可以达到280～738cm，民用精度约10m。

■ （3）欧洲"伽利略"导航系统

欧盟之所以推进"伽利略"计划，主要是为了摆脱对美国GPS的依赖，打破美国对全球卫星导航定位行业的垄断，在使欧洲获得工业和商业效益的同时，赢得建立欧洲共同安全防务体系的条件。欧洲的"伽利略"导航系统拥有22颗卫星，误差小，精度为100cm，加密精度为1cm。

■ （4）中国的"北斗"导航系统

"北斗"导航系统由我国自主研发，"北斗"导航系统的研发不仅使我国摆脱了他国的导航控制，更是我国导航芯片技术从无到有的里程碑。如今"北斗"导航系统由45颗卫星组成，导航精度全球268cm，加密精度为10cm，大有后来居上之势，虽然仍有不足之处，但未来可期。

4.5.3 导航芯片的应用领域

随着科学技术的发展，导航芯片的应用场景也越来越广泛。起初导航芯片的应用场景比较单一，多用于军事用途。随着时代的发展和科技的进步，导航芯片也逐渐应用到了民用领域，例如智能手机、汽车电子系统、无人机系统、智能机器人、智能手表以及小型化追踪设备等，如图4-27所示。

导航芯片的核心功能为定位，使用卫星通信的方法可进行全球定位。随着芯片的集成度越来越高，集成的外接端口种类越来越多，围绕定位功能的拓展功能也越来越丰富。

■ （1）在智能手机上的应用（图4-28）

导航芯片除了进行当前定位的功能外，还可以根据缓存的地图信息进行路线导航（需

<table>
<tr><td>厘米级精度</td><td>快速TTFF</td><td>多星座以及多频段</td></tr>
<tr><td>全球覆盖</td><td>航位推算法</td><td>高安全性</td></tr>
</table>

商用无人机　　地面机器人导航　　车道级导航

手机导航　　工业导航及追踪

图4-27　导航芯片的应用

要用到SRAM内存芯片或SD接口实现外部存储），在手机屏幕中显示当前位置及具体路线信息（需要LCD接口），语音提醒路线及方向（需要USB接口或UART接口连接外放设备）等。

■ （2）在汽车领域内的应用（图4-29）

随着汽车行业的不断发展，大多数的汽车都已经配备了电子系统。一辆配备电子系统的汽车正常情况下需要配备近200颗芯片，才能保证汽车电子系统的稳定。其中，导航芯片是不可或缺的核心。导航芯片不仅可以在汽车的电子系统上实现上述的导航功能，还可以配合汽车的电子系统实现自适应巡航、远程启车等功能。

图4-28　导航芯片在智能手机上的应用

图4-29　导航芯片在汽车上的应用

■ （3）小型化特殊环境应用（图4-30）

此外，还可以深化导航芯片的定位功能，将功耗和尺寸降到最低，实现小型化追踪定位设备，方便防拐、跟踪等特殊场景的使用。

■ （4）智能穿戴领域内的应用（图4-31）

智能手表及智能穿戴设备也离不开导航芯片。导航芯片不仅可以帮助智能穿戴设备进行定位，还可以配合智能穿戴设备的软件系统实现运动辅助功能，显示并记录运动轨迹，更精确地记录运动距离。

北斗/GPS强磁免安装定位器

☑ 60天超长待机
☑ 远程听音&录音
☑ 实时定位
☑ 光感报警
☑ 围栏报警
☑ 轨迹回放

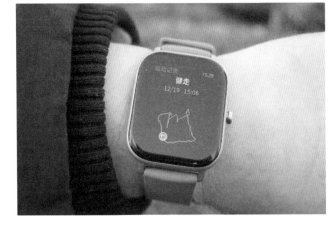

图4-30　导航芯片在小型追踪设备上的应用　　图4-31　导航芯片在智能穿戴设备上的应用

■ （5）无人机领域内的应用（图4-32）

导航芯片目前也广泛地用在高端无人机的硬件系统上，导航芯片可以对无人机的位置进行定位，还可以配合无人机的操控系统实现无人机的操控和路径导航等，既提高了无人机的操控性，也能在无人机失控后更快地找回。

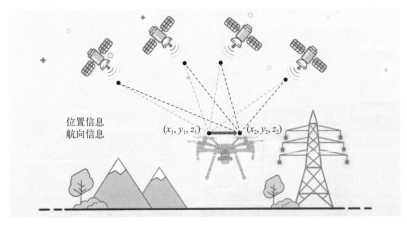

图4-32　导航芯片在无人机上的应用

导航芯片的功能远不止于此，因篇幅限制在此不再一一介绍。感兴趣的读者朋友们可以自行查询导航芯片的其他应用功能与场景。

4.6 模拟电路领域

4.6.1 模拟电路芯片简介

模拟电路芯片又称为模拟集成电路芯片，主要是指由电容、电阻、晶体管等组成的模拟电路集成在一起用来处理模拟信号的集成电路芯片。模拟集成电路主要包括：放大器电路、滤波器电路、反馈电路、带隙基准电路和开关电容电路等。其具体应用体现在运算放大器、模拟乘法器、锁相环和电源管理芯片等。模拟集成电路多为全定制电路，主要是通过硬件工程师根据电路的结构和原理，利用丰富的设计经验进行手动电路调试和模拟仿真得到的。与发展迅猛规模庞大的数字电路不同，模拟电路主要是用来生产、放大和处理模拟信号（随时间连续变化的信号）的电路，是集成电路的核心技术之一，能对电压、电流等模拟信号进行采集、放大、比较、转换和调制。如果说 SoC 是电子工业上的一颗明珠，那么模拟电路芯片就是电子工程不可或缺的一块基石。

4.6.2 模拟电路芯片的种类

模拟集成电路的基本电路包括电流源、运算放大器、比较器、滤波器、反馈电路、锁相环和 ADC/DAC 等。模拟电路的种类繁杂，应用广泛，根据输出与输入信号之间的响应关系，又可以将模拟集成电路分为线性集成电路和非线性集成电路两大类。前者的输出与输入信号之间的响应通常呈线性关系，其输出的信号形状与输入信号是相似的，只是被放大了，并且按固定的系数进行放大；而非线性集成电路的输出信号对输入信号的响应呈现非线性关系，比如平方关系、对数关系等，故称为非线性电路。接下来将介绍几种典型的模拟集成电路。

运算放大器又称为运放，是将信号进行倍数放大的模拟电路。运算放大器原理简单，种类丰富，具体参数繁杂，被广泛地应用于计算机领域和电子行业当中。

运算放大器原理可简单地视为：具有一个信号输出端口和同相、反相两个高阻抗输入端的高增益直接耦合电压放大单元，其目的是将输入的电压或电流信号进行一定倍数的放大运算放大器框图见图4-33。

运算放大器按照参数来划分可分为以下几种类型：通用型、高阻型、低温漂型、高速型、低功耗型、高压大功率型和可编程控制型。针对不同的应用场景，工程师会自行选择合适类型运放进行设计，以实现具体功能。

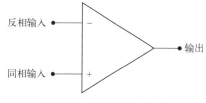

图4-33　运算放大器框图

运算放大器的参数包括：共模输入电阻、直流共模抑制、交流共模抑制、增益带宽积、输入偏置电流、偏置电流温漂、输入失调电流、输入失调电流温漂（TCIOS）、差模输入电阻、输出阻抗、输出电压摆幅、功耗、电源抑制比、转换速率、电源电流、单位增益带宽、输入失调电压、输入电压噪声密度（eN）、输入电流噪声密度（iN）和理想运算放大器参数等20余种具体参数。但是在实际应用中，硬件工程师根据具体需要，只关注具体集中参数的调节，并不会面面俱到地调节每一种参数。

锁相环（Phase Locked Loop，PLL）是一种利用相位同步产生的电压，去调谐压控振荡器以产生目标频率的负反馈控制系统。通常由鉴相器（Phase Detector，PD）、滤波器（Loop Filter，LF）和压控振荡器（Voltage Controlled Oscillator，VCO）3部分组成前向通路，由分频器组成频率相位的反馈通路。工作原理是检测输入信号和输出信号的相位差，并将检测出的相位差信号通过鉴相器转换成电压信号输出，经低通滤波器滤波后形成压控振荡器的控制电压，对振荡器输出信号的频率实施控制，再通过反馈通路把振荡器输出信号的频率、相位反馈到鉴相器。

锁相环的种类分为模拟电路锁相环和数字电路锁相环两种，广泛地应用于各类电子产品。锁相环的原理示意图如图4-34所示。

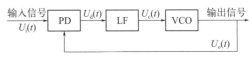

图4-34　锁相环原理示意图

ADC/DAC（模数转换器/数模转换器）通常是指将模拟信号转变为数字信号/将数字信号转换为模拟信号的模拟电路芯片，其原理是将一个输入电压信号转换为一个输出的数字信号/将一个数字信号还原为一个模拟输入电压信号。ADC/DAC的工作过程共分为4步，分别为采样、保持、量化和编码。ADC种类繁多，包括Flash型ADC、流水线型ADC、$\sum-\Delta$型ADC和逐次逼近型ADC，因结构种类不同，各有优劣。ADC/DAC的具体参数包括精度、功耗、积分非线性INL和微分非线性DNL等。硬件工程师在设计终端的过程中会根据具体需求来采用合适的ADC/DAC实现功能。逐次逼近型ADC示意图如图4-35所示。

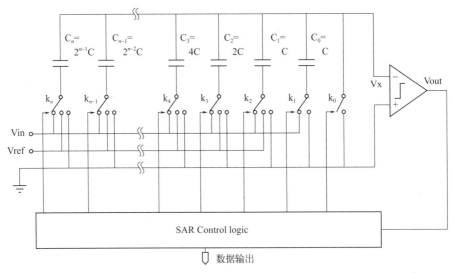

图4-35　逐次逼近型ADC示意图

4.6.3　模拟电路芯片的代表企业

模拟电路的发展历史悠久，先后出现过很多优秀的模拟电路芯片企业。本节主要从两个方向对模拟电路芯片的代表企业进行介绍，分别为模拟电路芯片的设计企业和生产企业。

提到模拟电路芯片的设计企业，那就一定绕不开Cadence公司。Cadence又称楷登电子，是一家专门从事电子设计自动化（EDA）的软件公司，由SDASystems和ECAD两家公司于1988年合并而成。Cadence公司致力于推动电子系统和半导体公司设计创新的终端产品，以改变人们的工作、生活和娱乐方式。客户采用 Cadence 的软件、硬件、IP 和服务，覆盖从半导体芯片到电路板设计等多个方面，Cadence 的软件设计应用于移动设备、消费电子、云计算、数据中心、汽车电子、航空、物联网、工业应用等。

国内在模拟芯片设计方向的企业也并非一片空白，随着国内芯片行业的蓬勃发展，中国拥有了自己的模拟集成电路芯片设计的 EDA 软件公司——华大九天。该公司成立于 2009 年，一直聚焦于 EDA 工具的开发。主要产品包括模拟电路设计全流程 EDA 工具系统、数字电路设计 EDA 工具、平板显示电路设计全流程 EDA 工具系统和晶圆制造 EDA 工具等 EDA 软件产品，并围绕相关领域提供包含晶圆制造工程服务在内的各类技术开发服务。该公司推出的 EDA 软件 Aether 更是填补了国内该领域的空白，是真正从无到有的一个设计过程。虽然还无法全面替代 Cadence 在行业中的影响力，但是该公司对大学计划的积极推广，让我们看到了国产模拟芯片设计 EDA 产业未来可期。

模拟电路芯片生产及应用领域的代表企业有很多，豪威科技是最具代表性的企业之一。豪威科技又称美商半导体公司，英文名为 Omnivision，简称 OV。该公司成立于 1995 年，专业开发高度集成 CMOS 影像技术，精通微处理器、微控制器设计，具有丰富的模拟电路、数/模混合电路设计经验。该公司长期致力于为微电子影像应用设计和基于 CMOS 影像芯片（图 4-36）提供解决方案，是独立供应商。

图 4-36　OV5640CMOS 影像芯片

4.7　功率器件领域

4.7.1　功率器件简介

功率器件又称功率半导体分立器件，具有处理高电压、大电流的能力。主要用于有大功率处理需求的电力设备的电能变换和控制电路方面，比如：变频、变压、变流、功率管理，电压处理范围从几十伏到几千伏，电流处理能力最高可达几千安。功率器件的主要用途就是与驱动/控制/保护/接口/监测等集成在一起，组成功率 IC。图 4-37 所示为常见的功率器件。

4.7.2　功率器件的种类

功率器件基本上按时代的发展划分种类。

20 世纪 50 年代，第一批功率器件是以半导体分立元器件的形式出现的。功率二极管和功率三极管在面世之初就被用于工业和电力系统当中，在当时又被称作电力电子器件。功率二极管的特点为结构简单，只能进行整流使用，不可控制导通和关断。功率三极管作为开

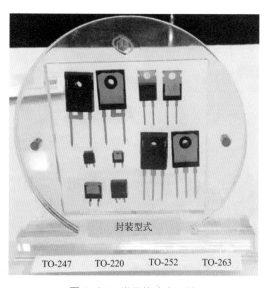

图 4-37　常见的功率器件

关和功率放大器使用时，不易于驱动控制并且频率较低。

20世纪60年代，晶闸管作为新的半导体功率器件，一经面世便迅速发展。但在使用晶闸管作为新一代功率器件作开关使用时，具有不易驱动、损耗大、难以实现高频化变流等缺点。

20世纪70年代末，平面型功率MOSFET发展起来，平面型MOSFET具有易于驱动、工作频率高等优点，同时也具有高损耗和芯片面积大的缺点。

20世纪80年代后期，沟槽型功率MOSFET和IGBT逐步面世，此时二极管和晶闸管技术越来越成熟，附加值逐渐变低，国际大厂产能开始向以功率MOSFET、IGBT为代表的功率半导体器件迅速转移，功率半导体正式进入电子应用时代。沟槽型功率MOSFET具有易于驱动、频率高、热稳定性好、损耗低以及耐压低等特点。而IGBT则具有开关速度快、易于驱动、频率高、损耗低、耐脉冲电流冲击等特点。截至目前，MOSFET和IGBT都还是最主要、价值含量最高、技术壁垒较高的功率器件。但近年来，不断有机构预估以SiC、GaN为代表的第三代半导体材料将站上未来功率半导体主流舞台。SiC和GaN与传统功率器件相比更适用于高压、高温、高频等工作场景，具有高功率密度、低损耗等特点。功率器件分类如图4-38所示。功率器件发展年代及特点如表4-1所示。

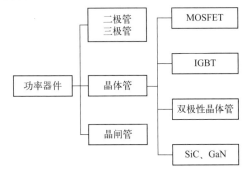

图4-38 功率器件分类图

表4-1 功率器件的发展年份及特点

功率器件	发展年份	功率器件特点
功率二极管	20世纪50年代	结构简单，只能进行整流使用，不可控制导通和关断
功率三极管	20世纪50年代	开关/功率放大器使用，不易于驱动控制，频率较低
晶闸管	20世纪60年代	开关用，不易驱动，损耗大，难以实现高频化变流
平面型MOS	20世纪70年代	易于驱动，工作频率高，芯片面积大，损耗高
沟槽型MOS	20世纪70年代	易于驱动，频率高，热稳定性好，损耗低，耐压低
IGBT	20世纪80年代	开关速度高，易于驱动，频率高，损耗低，耐脉冲电流冲击
超结MOS	20世纪90年代	易于驱动，频率超高，损耗极低
屏蔽栅MOS	20世纪90年代	打破了硅限，大幅降低了器件的导通电阻和开关损耗
SiC、GaN	21世纪	适用于高压、高温、高频等工作场景，高功率密度，损耗低

4.7.3 功率器件的应用领域

随着科学技术的发展，功率器件的应用场景也越来越广泛。起初功率器件的应用场景比较单一，多用于大功率处理需求的电力设备的电能变换和控制电路方面，比如：变频、变压、变流、功率管等。之后随着时代的发展科技的进步，功率器件与驱动、控制、保护、接口、监测等外围电路集成在一起，组成功率IC。近几年，随着功率器件的发展与技术的成熟，GaN和SiC等功率器件逐渐走进了民用领域，例如小米的CaN 65W快速充电器、汽车电动化、5G新基站等。如图4-39所示为功率器件应用方向。如图4-40所示为小米CaN充电器。

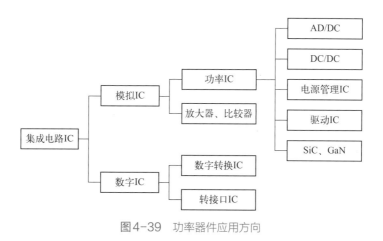

图4-39　功率器件应用方向

图4-40　小米CaN 65W快速充电器

4.8 消费电子领域

4.8.1 消费电子产品简介

消费电子产品是指供日常消费者生活使用的电子产品。消费电子产品包罗万象，小型消费电子产品有智能手机、智能机顶盒、智能穿戴设备、收音机、数码相机、蓝牙耳机等；中型消费电子设备包括笔记本电脑、台式电脑、摄像机、DVD、投影仪、微波炉等；大型消费电子产品包括汽车电子产品、智能电视、智能冰箱、智能洗衣机等。可以说消费电子产品充斥着人们的日常生活。常见的消费电子产品示例见图4-41。

4.8.2 消费电子产品的种类

消费电子产品包罗万象，品类众多，不过按照功能来划分，可以分为以下四类：通信产品、办公产品、娱乐产品和其他品类。产品分类如图4-42所示。

图4-41　常见的消费电子产品示例

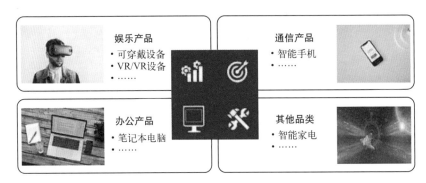

图4-42　消费电子产品分类

■ （1）通信产品

　　说到通信消费电子产品，首当其冲就是智能手机。智能手机已经成为人们生活中不可或缺的一部分。智能手机凭借其多元化的产品功能已经不仅仅作为通信消费电子产品，兼具娱乐和办公等方面的功能。而智能手机的发展归根到底绕不开集成电路的硬件支持，集成电路作为智能手机的底层建筑，是其发展过程中最重要的一部分。除智能手机外，5G通信也是通信消费电子产品的代表，无论是5G基站还是5G手机，都离不开基带芯片的支持。

■ （2）办公产品

　　如果说通信消费电子产品的代表是手机，那么办公消费电子产品的代表就是笔记本电脑。随着时代的发展，无纸化办公不断推进，笔记本电脑已经成为人们日常办公的不二之选。本文在4.3节中就已经充分阐述了集成电路在计算机领域的重要性，笔记本电脑作为计算机的小型化产品，更是对集成电路芯片产业有所依赖。无论是核心处理器，还是显卡或是网卡，计算机的核心器件都是芯片。办公产品除笔记本电脑外，还包括液晶显示器、打印机、复印机、碎纸机、投影仪等。上述电子产品的核心技术都离不开集成电路的支持。

■ （3）娱乐产品

　　近几年比较热门的娱乐类消费电子产品当属VR(虚拟现实)设备。在元宇宙的概念下，VR技术又重新回到了人们的视野当中。VR设备包括VR眼镜和显示设备，显示设备多为计算机或手机。除VR设备外，娱乐消费电子产品还包括游戏主机、智能电视、智能音箱、智能投影仪等。

■ （4）其他品类

其他品类的电子消费产品主要是智能家电方面，在这个万物互联的时代，家中的空调、冰箱、洗衣机等产品都可实现联网和远程控制，就连LED灯在芯片的支持下都实现了亮度的可调节。

参考文献

[1] 尚滨鹏. 浅谈通信发展的历史现状与未来[J]. 科技展望，2016, 26(16): 40-43.

[2] 曹洁漪. 智能卡市场分析[J]. 计算机光盘软件与应用，2013, 16(05): 37-38.

[3] 熊皓辉. 浅谈计算机系统集成的特点及发展趋势[J]. 信息记录材料，2020, 21(07): 27-28.

[4] 袁茂峰. 低价多媒体芯片受宠电子阅读器市场[J]. 上海信息化，2010, (07): 52-54.

[5] 阴志华. 中国多媒体芯片10年发展之路[J]. 数字通信世界，2009, (02): 26-27.

[6] 马智伟. 北斗导航发展步入黄金期推动芯片国产化[J]. 集成电路应用，2015(02): 26-27.

[7] 李薇. 消费电子领域的中国角色[J]. IT经理世界，2015(09): 73-74+72.

[8] 范麟. 模拟集成电路设计技术综述[J]. 电子产品世界，2020(10):20.

习题

1. 集成电路遍布生产生活的各个角落，请你选择一款感兴趣的电子产品，在其中选择一个集成电路，调研其功能。

2. 举例说明集成电路在通信领域的应用。

3. 智能卡的分类有多少种？

4. 请分析智能卡发展趋势。

5. 计算机领域内哪些硬件能够体现出集成电路的应用？

6. 什么是多媒体技术？

7. 请列举集成电路在导航芯片中的具体应用？（至少三种）

8. 请列举除书上给出的电子消费产品外的其他三种能体现集成电路应用的电子消费产品。

第 **5** 章

集成电路学科专业设置

▶▶ 思维导图

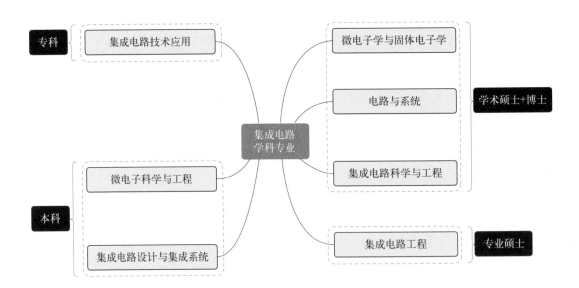

5.1 学科专业简介

5.1.1 学科和专业基本概念

一般情况下，学科是指学术的分类，也就是一定科学领域或一门科学的专业分支。学科是相对独立的知识体系，是依据学术的性质而划分的科学门类。而专业一般是指高等学校或中等专业学校根据社会分工、经济和社会发展需要以及学科的发展和分类状况而划分的学业门类。学科通过专业承担人才培养这一职能，而专业处在学科体系与社会职业需求的交叉点上。专业是社会分工、学科知识和教育结构三位一体的组织形态，其中，社会分工是专业存在的基础，学科知识是专业的内核，教育结构是专业表现形式。三者缺一不可，共同构成高校人才培养的基本单位。

通常本科专业分类参见教育部颁发的《普通高等学校本科专业目录》，研究生专业分类参见国务院学位委员会和教育部颁布修订的《学位授予和人才培养学科目录》。学科目录分为学科门类、一级学科（本科教育中称为"专业类"）和二级学科（本科专业目录中为"专业"）。学科门类和一级学科目录由国家制定，二级学科目录由各学位授予单位依据国务院学位委员会、教育部发布的学科目录，在一级学科学位授权权限内自主设置。根据2021年1月14日国务院学位委员会、教育部印发的通知，在我国高校研究生教育体系中，共设有哲学、经济学、法学、教育学、文学、历史学、理学、工学、农学、医学、军事学、管理学、艺术学、交叉学科共计14个学科门类，下设113个一级学科。其中，学科门类、一级学科和二级学科的代码分别为二位、四位和六位阿拉伯数字。例如，代码1401表示"集成电路科学与工程"这个一级学科，其中的"14"表示学科门类是交叉学科。

而根据2022年版《普通高等学校本科专业目录》，本科专业共有771个，这包含了2020年增设的37个本科专业，以及2021年增设的31个本科专业，不过不包含各学校自设的专业。它一般分为学科门类、专业类和专业三级，分别用二位、四位和六位阿拉伯数字表示。而在专业代码后加T表示特设专业，在专业代码后加K表示国家控制布点专业。例如代码080710T表示学科门类为工学（08）下的电子信息类（0807）里的集成电路设计与集成系统这一特设专业。

要注意的是，虽然在《普通高等学校本科专业目录》和《学位授予和人才培养学科目录》关于专业的划分都是分别用二位、四位和六位阿拉伯数字表示，但其划分不完全相同。《普通高等学校本科专业目录》是按照学科门类、专业类和专业这三级来划分；《学位授予和人才培养学科目录》是按照学科门类、一级学科和二级学科这三级来划分。其中《普通高等学校本科专业目录》中的专业类不等同于《学位授予和人才培养学科目录》中的一级学科，《普通高等学校本科专业目录》中的专业也不等同于《学位授予和人才培养学科目录》中的二级学科。例如代码"0807"在《学位授予和人才培养学科目录》中表示"动力工程及工程热物理"这个一级学科，而在《普通高等学校本科专业目录》表示"电子信息类"这个专业类。"电子科学与技术"在《普通高等学校本科专业目录》中是三级专业，其代码为080702，在《学位授予和人才培养学科目录》中是一级学科，其代码为0809。在本书中，本科专业一般是指《普通高等学校本科专业目录》中给出的本科专业；而硕士和博士专业一般是指按照《学位授予和人才培养学科目录》划分的一级学科和二级学科。

5.1.2 学位类别

学位类别也叫学位类型，是指学位的设置类别，我国学位类别分为学术学位（学术性学位、学术型学位）与专业学位（专业性学位、专业型学位）。学术学位包括学士学位、硕士学位和博士学位，学术型学位按照学科门类授予，共13类，分别为哲学、经济学、法学、教育学、文学、历史学、理学、工学、农学、医学、军事学、管理学、艺术学。其中，交叉学科下的一级学科"集成电路科学与工程"可授予理学、工学学位。

专业学位也分为学士、硕士和博士三级，但专业学士和专业博士较少，以专业硕士为主。其中，专业学士只有建筑学学士1个类别，专业博士有教育博士、口腔医学博士、兽医博士、临床医学博士和工程博士5个类别，而专业硕士有39个类别，具体如表5-1所示。

表5-1 专业硕士学位类别及代码

代码	专业类别	代码	专业类别	代码	专业类别
0251	金融硕士	0454	应用心理硕士	1052	口腔医学硕士
0252	应用统计硕士	0551	翻译硕士	1053	公共卫生硕士
0253	税务硕士	0552	新闻与传播硕士	1054	护理硕士
0254	国际商务硕士	0553	出版硕士	1055	药学硕士
0255	保险硕士	0651	文物与博物馆硕士	1056	中医学硕士
0256	资产评估硕士	0851	建筑学硕士	1151	军事硕士
0257	审计硕士	0852	工程硕士	1251	工商管理硕士
0351	法律硕士	0853	城市规划硕士	1252	公共管理硕士
0352	社会工作硕士	0951	农业推广硕士	1253	会计硕士
0353	警务硕士	0952	兽医硕士	1254	旅游管理硕士
0451	教育硕士	0953	风景园林硕士	1255	图书情报硕士
0452	体育硕士	0954	林业硕士	1256	工程管理硕士
0453	汉语国际教育硕士	1051	临床医学硕士	1351	艺术硕士

专业学位与学术学位处于同一层次，培养规格各有侧重，在培养目标上有明显差异。学术学位按学科设立，其以学术研究为导向，偏重理论和研究，培养大学教师和科研机构的研究人员；而专业学位以专业实践为导向，重视实践和应用，培养在专业和专门技术上受到正规的、高水平训练的高层次人才。

专业硕士有全日制和非全日制两种，学术硕士目前只有全日制。全日制学术硕士、全日制专业硕士和非全日制专业硕士都能获得硕士学位和学历证书。学术硕士学位证书上一般按照学科表示为"授予××（学科）硕士学位"，专业硕士的学位名称表示为"××（职业领域）硕士专业学位"。另外，非全日制专业硕士在证书上通常会标有"非全日制"字样。

另外，从表5-1中可看出，工程硕士是专业硕士学位的一种，是教育部、国务院学位办为了适应我国经济建设和社会发展对高层次专门人才的需要，改变工科学位类型比较单一的状况，完善具有中国特色的学位制度而设立的专业学位。工程硕士专业学位是与工程领域任职资格相联系的专业性学位，它与工学硕士学位处于同一层次，但类型不同，各有侧重。工程硕士专业学位在招收对象、培养方式和知识结构与能力等方面，与工学硕士学位有不同的特点。工程硕士专业学位侧重于工程应用，主要是为工矿企业和工程建设部门，特别是国有大中型企业培养应用型、复合型高层次工程技术和工程管理人才。另外，工程硕士分为全日制工程硕士和非全日制工程硕士。全日制工程硕士侧重于学术理论与实践，非全日制工程硕士侧重于学术实践，而工学硕士侧重于学术理论与应用。

2018年3月14日，《国务院学位委员会、教育部关于对工程专业学位类别进行调整的通知》（学位〔2018〕7号），决定统筹工程硕士和工程博士专业人才培养，将工程专业学位类别调整为电子信息（代码0854）、机械（代码0855）、材料与化工（代码0856）、资源与环境（代码0857）、能源动力（代码0858）、土木水利（代码0859）、生物与医药（代码0860）、交通运输（代码0861）8个专业学位类别。

5.1.3　集成电路相关学科专业

与集成电路相关的学科专业主要有集成电路技术应用专业、集成电路设计与集成系统专业、微电子科学与工程专业、微电子学与固体电子学专业、电路与系统专业、集成电路工程专业以及集成电路科学与工程专业，这些专业横跨专科、本科、硕士和博士四个层次。集成电路相关学科专业及培养层次如图5-1所示。

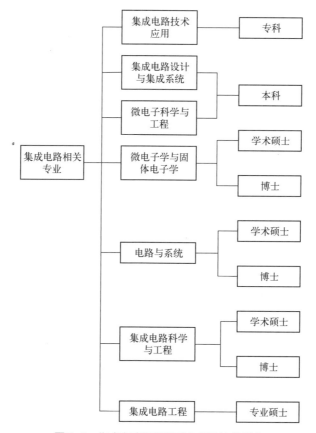

图5-1　集成电路相关学科专业及培养层次

集成电路设计与集成系统是一门普通高等学校本科专业，属电子信息类专业，基本修业年限为四年，授予工学学士学位。2012年，集成电路设计与集成系统专业正式出现于《普通高等学校本科专业目录》中，专业代码为080710T。集成电路设计与集成系统专业主要培养学生具有较宽厚的自然科学理论基础知识、电路与系统的学科专业知识、必要的人文社会学科知识和良好的外语基础；具有通信、计算机、信号处理等相关学科领域的系统知识及其综合运用知识解决问题的能力；具有较强的科学研究和工程实践能力，总结实践经验发现新知识的能力；具有集成电路与系统设计能力和创新创业能力；掌握电子设计自动化（EDA）工具的应用；掌握资料查询的基本方法和撰写科学论文的能力，了解该专业领域的理论前沿和发展动态；具有良好的与人沟通和交流的能力，协同工作与组织能力；具有良好的思想道德修养、职业素养、身心素质。

微电子科学与工程是一门普通高等学校本科专业，属电子信息类专业，基本修业年限为四年，授予理学或工学学士学位，专业代码为080704。该专业是理工兼容、互补的专业，是在物理学、电子学、材料科学、计算机科学、集成电路设计制造等多学科和超净、超纯、超精细加工技术基础上发展起来的一门新兴学科，主要研究半导体器件物理、功能电子材料、固体电子器件、超大规模集成电路（ULSI）的设计与制造技术、微机械电子系统以及计算机辅助设计制造技术等。

微电子学与固体电子学是一级学科电子科学与技术下属的二级学科，专业代码为080903，可授硕士和博士学位。该专业是一门新兴的高科技学科，为现代信息技术的内核与支柱，主要研究信息光电子学和光通信、超高速微电子学和高速通信技术、功率半导体器件和功率集成电路、半导体器件可靠性物理、现代集成模块与系统集成技术等。

电路与系统专业是一级学科电子科学与技术下属的二级学科，专业代码080902，可授硕士和博士学位。该专业是信息与通信工程和电子科学与技术这两个学科之间的桥梁，又是信号与信息处理、通信、控制、计算机乃至电力、电子等诸方面研究和开发的理论与技术基础，主要研究电路与系统的理论、分析、测试、设计和物理实现。

集成电路工程专业原属于工程硕士下的一个研究领域，原专业代码085209，现属于电子信息硕士下的研究领域，专业代码085403。该专业主要培养集成电路设计与应用高级工程技术人才和集成电路制造、测试、封装、材料与设备的高级工程技术人才。主要研究集成电路工程技术基础理论、集成电路与片上系统设计、集成电路应用、集成电路工艺与制造、集成电路测试与封装、集成电路材料，电子设计自动化（EDA）技术及其应用、嵌入式系统设计和应用、集成电路知识产权管理、集成电路设计企业和制造企业管理等。

集成电路科学与工程专业是"交叉学科"门类的一级学科，学科代码为1401，可授工学或理学硕士和博士学位。该专业属于电子科学与技术、信息与通信工程、计算机科学与技术等一级学科交叉领域，它面向物联网、新媒体、全光网、云计算、大数据、区块链、广播电视、边缘计算、人工智能、新一代移动通信网络等高科技领域，主要研究片上系统设计、DSP算法与FPGA设计等。

另外，根据《普通高等学校高等职业教育（专科）专业设置管理办法》，教育部于2019年决定增补集成电路技术应用专业。该专业属于专科类专业，专业代码为610120，培养德、智、体、美、劳全面发展，具有良好职业道德和人文素养，掌握微电子工艺和集成电路设计领域相关专业理论知识，具备微电子工艺管理、集成电路设计及应用等能力，从事微电子制造和封装测试工艺维护管理、集成电路辅助逻辑设计、版图设计和系统应用等方面工作的高素质技术技能人才。

5.2 集成电路设计与集成系统专业

5.2.1 培养目标

集成电路设计与集成系统专业是多学科交叉、高新技术密集的学科，涉及现代电子信息科技的核心技术，体现国家的综合实力。主要以培养高层次、应用型、复合型的芯片设计工程人才为目标，为计算机、通信、家电和其他电子信息领域培养既具有系统知识又具有集成电路设计基本知识，同时具有现代集成电路设计理念的新型研究人才和工程技术人员。目前开设此专业的院校大约有45所，具体如表5-2所示。

表5-2 开设集成电路设计与集成系统专业的国内相关院校（部分统计）

院校名录					
北京大学	天津大学	天津理工大学	华北电力大学（保定）	大连理工大学	黑龙江大学
哈尔滨理工大学	苏州大学	南通大学	杭州电子科技大学	合肥工业大学	安徽工程大学
厦门大学	华侨大学	福州大学	山东大学	青岛科技大学	济南大学
华中科技大学	湖北工业大学	湖北大学	湖南科技大学	湖南文理学院	深圳大学
广西大学	重庆大学	电子科技大学	重庆邮电大学	成都信息工程大学	西安理工大学
西安电子科技大学	合肥学院	烟台大学	西安邮电大学	广东工业大学	齐齐哈尔工程学院
南昌理工学院	湖北大学知行学院	大连东软信息学院	电子科技大学成都学院	南通大学杏林学院	贵州师范学院
深圳技术大学	福建技术师范学院	国防科技大学			

从表5-2中可见，不仅有很多研究型大学开设了本专业，一些应用型大学也开设了本专业。一般来说，研究型大学的培养目标为：以集成电路及各类电子信息系统设计能力为目标，培养掌握集成电路基本理论、集成电路设计基本方法，掌握集成电路设计的EDA工具，熟悉电路、计算机、信号处理、通信等相关系统知识，从事集成电路及各类电子信息系统的研究、设计、教学、开发及应用，具有一定创新能力的高级技术人才。

研究型大学毕业生毕业五年左右一般要求达到以下目标：

① 具有良好的个人修养和职业素养，在工作中具有社会责任感、良好的职业道德和敬业精神；

② 能运用所学的专业知识和技术，对实际工作中遇到的集成电路设计与集成系统相关问题进行分析，设计技术方案设计并能解决实际工程问题；

③ 在电子信息相关领域从事产品设计测试、技术研发、项目管理或教学科研工作；

④ 具有不断学习、适应社会发展和行业竞争的能力；

⑤ 在团队工作中，能分工合作，具有良好的领导、组织能力。

而应用型大学的培养目标为：培养德、智、体、美、劳全面发展，践行社会主义核心价值观，具有良好的职业道德和人文素养，掌握数学、自然科学基础知识，掌握集成电路及相关技术领域的基础知识和理论、基本技能和方法，具备集成电路设计、验证、测试及集成系统开发等专业能力及信息化时代的终身学习等能力，面向数字集成电路、模拟集成电路、片上系统设计与开发等专业领域，能从事多学科背景下复杂工程系统的产品设计、验证、测试、技术支持等工作，具有社会责任感、创新精神、国际视野、分析和解决复杂工程问题的能力，较强工程实践能力的高素质、应用型高级专门人才。

应用型大学毕业生毕业五年左右一般要求达到以下目标：

① 具有健全的人格、良好的人文社会科学素养和社会责任感，具有良好的职业道德，能够在集成电路系统设计领域的项目开发和实施中综合考虑社会、健康、安全、法律、文化、环境和可持续发展等因素的影响；

② 具有一定的专业技术工作经验，能够综合运用数学与自然科学、工程基础、专业基础和集成电路系统设计领域专业知识，解决模拟集成电路、数字集成电路以及集成系统中的复杂工程问题；

③ 能够跟踪集成电路系统设计及相关领域的前沿技术，运用科学原理和现代工具解决产品开发过程出现的复杂工程问题，并根据市场的需求设计或改进产品；

④ 具有团队协作和吃苦耐劳精神，具备良好的工程项目管理能力，能够组织、管理和实施集成电路工程相关项目，成为工程师、技术骨干或项目管理人员；

⑤ 具有独立思考、独立解决问题的能力，拥有一定的国际视野，能够通过再学习持续提升适应社会发展和行业竞争的能力。

5.2.2 代表性课程

除国家规定的教学内容外，各高校一般会根据办学定位和人才培养目标等开设人文社会科学、外语、计算机文化基础、体育、艺术等相关科目，另外，各高校还会根据自身人才培养定位开设高等数学、工程数学、大学物理等数学和自然科学类课程。本专业的核心课程包括：C语言程序设计、电路分析、模拟电子技术、数字电子技术、信号与系统、通信原理、半导体器件物理、数字集成电路设计、模拟集成电路设计、超大规模集成电路设计、高级数字系统设计、集成电路版图设计、硬件描述语言、嵌入式系统原理、集成电路工艺技术、电子线路计算机辅助设计、集成电路设计EDA技术等。下面对其中的一些代表性课程进行简单介绍。

■ （1）集成电路设计基础

本课程旨在使学生了解当今集成电路设计的基本方法与技术；掌握MOS器件的基本结构、模型与特性，掌握基本的组合逻辑电路和时序逻辑电路的原理；了解微电子集成电路工艺基本流程；认识集成电路的基本版图；掌握CMOS模拟集成电路基本理论、定性及定量分析方法、设计技术；熟练掌握数字集成电路基础理论、基本结构、评价方法，最终具备开展集成电路设计的基础知识和基本方法；掌握集成电路的基本概念、基本规律与基本分析方法，培养适合于工程学科的思维方式，提升逻辑思维能力。

■ （2）模拟集成电路设计

本课程旨在使学生掌握模拟集成电路的基本概念和基本原理，熟悉模拟集成电路基本单元的拓扑结构和基本性能；掌握模拟集成电路分析的基本方法，熟练应用电路分析基本知识来分析各种模拟集成电路；掌握模拟集成电路设计的基本方法，能够运用所授知识对模拟集成电路进行电路分析、仿真和设计。

■ （3）数字集成电路设计

本课程旨在使学生了解数字集成电路与系统设计方法的发展历程；理解FPGA的工作原理与基本架构；掌握基于Verilog HDL的RTL级描述方法，数字集成电路与系统架构设计方法，数字集成电路与系统验证方法以及基于FPGA的数字系统实现方法。

■ （4）超大规模集成电路设计

本课程旨在使学生了解当今VLSI系统设计的方法与技术；掌握MOS器件的基本结构、模型与特性，掌握基本的组合逻辑电路和时序逻辑电路的原理；了解半导体工艺基本过程；认识集成电路的基本版图；掌握主要的集成电路设计技术，建立系统集成和系统模块化设计的思想，最终具备开展集成电路设计的基础知识和基本方法。

■ （5）集成电路版图设计

本课程旨在使学生了解集成电路设计流程；熟练使用集成电路版图设计软件；了解并能够绘制基本元器件版图；掌握数字单元版图的设计和验证方法；了解模拟集成电路版图设计和验证方法。

■ （6）数字集成电路验证

本课程介绍集成电路测试与验证技术，适合具有数字电路设计背景的研究生或高年级本科生学习。主要内容包括：集成电路测试背景简介；可测试性分析；故障模拟与仿真；自动测试生成；基于现代仿真工具的数字电路测试方法实践等。本课程旨在使学生获得超大规模集成电路的测试技术和可测试性设计方法，掌握测试的基本知识，熟悉故障建模、仿真、测试生成、测试经济学；掌握可测试性设计的基础知识，特别是扫描设计和内部自检测试；特别强调与数字系统相关的制造后测试问题和测试解决方案培养，面向现代化IC设计的测试知识和技能，最终通过应用新学习的技术来设计完全可测试电路，为日后从事电路级、芯片级和系统级的设计、制造、测试和应用打下良好的基础。

5.2.3 就业方向

本专业学生完成学业后一般可以在高新技术企业、国防军工企业，以及微电子工艺、集成电路设计、电子系统集成相关领域从事有关工程技术的研究、设计、技术开发、管理以及设备维护等工作；能在科研院所、高等院校从事半导体物理、半导体器件、集成电路设计等领域的科研、教学工作。

具体可从事的职业有三个主要方向，分别是集成电路设计业、集成电路制造业和集成电路封装测试业。其中，集成电路设计业主要是成为数字集成电路设计工程师、FPGA系统开发与测试工程师、数字集成电路验证工程师、模拟集成电路设计工程师、集成电路版图设计工程师、片上系统设计与开发工程师和射频集成电路开发工程师。

集成电路制造业就业方向主要是成为薄膜工艺工程师、扩散工艺工程师、光刻工艺工程师、刻蚀工艺工程师、测试工艺工程师、工艺整合工程师。

集成电路封装测试业就业方向主要是成为封装材料工程师、制程PE工程师、测试PTE工程师、质量工程师、封装工艺工程师和测试工程师。

另外，本专业学生还可在微电子学与固体电子学、物理电子学、电路与系统、集成电路工程、通信与信息系统、计算机技术及相关专业继续攻读硕士、博士学位。

5.3 微电子科学与工程专业

5.3.1 培养目标

微电子科学与工程专业是在物理学、电子学、材料科学、计算机科学、集成电路设计制造学等多个学科和超净、超纯、超精细加工技术基础上发展起来的一门新兴学科。微电子学是21世纪电子科学技术与信息科学技术的先导和基础，是发展现代高新技术和国民经济现代化的重要基础。主要研究半导体器件物理、功能电子材料、固体电子器件，超大规模集成电路的设计与制造技术、微机械电子系统以及计算机辅助设计制造技术等。目前开设此专业的院校大约有101所，具体如表5-3所示。

表5-3 开设微电子科学与工程专业的国内相关院校（部分统计）

院校名录					
北京大学	清华大学	北京工业大学	北京航空航天大学	北方工业大学	南开大学
天津理工大学	天津职业技术师范大学	中北大学	内蒙古科技大学	渤海大学	吉林大学
长春理工大学	哈尔滨工业大学	复旦大学	同济大学	上海交通大学	华东师范大学
上海大学	南京大学	苏州大学	南京航空航天大学	南京理工大学	南京邮电大学
江南大学	南京信息工程大学	浙江大学	绍兴文理学院	中国计量大学	安徽大学
合肥工业大学	安庆师范大学	巢湖学院	厦门大学	福州大学	福建工程学院
集美大学	武夷学院	闽南师范大学	山东大学	青岛科技大学	齐鲁工业大学
临沂大学	河南理工大学	河南师范大学	武汉大学	华中科技大学	湖北工业大学
湖北大学	湘潭大学	中南大学	湖南理工学院	中山大学	华南理工大学
深圳大学	桂林电子科技大学	四川大学	电子科技大学	重庆邮电大学	成都信息工程大学
西华大学	重庆文理学院	西北大学	西安交通大学	西北工业大学	西安理工大学
西安电子科技大学	西安科技大学	西安工程大学	兰州大学	河北科技师范学院	厦门理工学院

院校名录					
青岛大学	潍坊学院	成都工业学院	扬州大学	三江学院	池州学院
湖南工程学院	北华航天工业学院	宁波大学	西安邮电大学	九江学院	广东工业大学
上海建桥学院	武汉工商学院	山西晋中理工学院	重庆移通学院	大连东软信息学院	珠海科技学院
泉州信息工程学院	苏州城市学院	扬州大学广陵学院	南通大学杏林学院	西安科技大学高新学院	合肥师范学院
太原工业学院	南方科技大学	深圳技术大学	国防科技大学	中国人民解放军战略支援部队信息工程大学	

从表5-3中可见，开设本专业的既有研究型大学又有应用型大学。一般来说，研究型大学的培养目标为：培养具有微电子科学与工程专业扎实的理论基础、系统的专业知识和较强的实验技能与工程实践能力；能在电子信息及其相关领域从事各种半导体器件、大规模集成电路及片上系统（SoC）的设计、制造、应用和相应的新产品、新技术、新工艺的研究等方面工作的高级工程技术人才。

研究型大学毕业生毕业五年左右一般要求达到以下目标：

① 能综合运用数理基础知识和微电子科学与工程领域的基础理论与专业知识，对项目产品、过程和系统进行构思设计，在实践中体现创新意识，具备微电子和集成电路系统的设计开发能力，能够运用观点分析、处理工程技术问题；

② 能独立承担微电子科学与工程相关领域中各种微电子器件、工艺与集成电路产品的设计、研发实施和运行等工作，能胜任工程师岗位或履行相应职责；

③ 具备健全人格、良好的人文科学素养和强烈社会责任感，具备高尚的职业道德，能够从法律、伦理、经济、社会和环境等系统视角对工程项目进行决策和管理；

④ 具备团队中分工协作、交流沟通的能力，能与国内外同行、专业客户和社会公众进行有效沟通，能够融入团队的工作并发挥骨干作用，具有发挥领导作用的潜力，能胜任技术负责、经营与管理等工作；

⑤ 具有终身学习的能力，具备开阔的国际视野，能及时跟踪微电子科学与工程专业领域的技术发展动态，不断更新知识和提升技术水平，服务微电子领域的创新发展和产业升级，具备不断适应社会发展和职业竞争能力。

而应用型大学的培养目标为：培养具有半导体与固体物理理论基础，掌握电子电路技术、微电子技术、技能和最新技术发展动向，具有较强实践能力、良好的科学素养和创新能力，能够在微电子器件设计、集成电路设计、集成电路制造、集成电路测试和固态传感器技术等领域进行科技开发、产品设计、工程技术与生产管理、市场销售和企业管理的应用型人才。

应用型大学毕业生毕业五年左右一般要求达到以下目标：

① 能够整合多种资源，综合考虑社会、环境、法律、经济、道德、政策、文化等

因素影响，从事微电子及相关电子信息系统的设计制造、应用研究和工程管理等方面的工作；

② 能够适应全球性行业发展，学习和开发新兴技术和工具，不断更新知识结构，提升解决行业工程问题的能力，能够积极跟踪适应全球性行业发展，学习、掌握和发展新兴技术和工具，不断更新调整自己的知识，提高解决问题的能力；

③ 重视沟通交流，善于在多元文化的场合针对客户、同行、公众有效表达自己的观点并达成沟通目标，能够快速融入团队，明确定位并承担自己的责任；

④ 具有良好的人文社会科学素养，乐于尊重并践行社会职业道德和规范，服务社会。

5.3.2　代表性课程

微电子科学与工程专业的知识体系包括通识类知识、学科基础知识、专业知识、实践性教学等。除国家规定的教学内容外，人文社会科学、外语、计算机文化基础、体育、艺术等内容由各高校根据办学定位和人才培养目标确定，其中人文社会科学类知识包括经济、环境、法律、伦理等基本内容。数学和自然科学类包括高等数学、工程数学、大学物理等基本内容，各高校会根据自身人才培养定位提高数学、物理学（含实验）的教学要求，以加强学生的数学、物理基础。本专业的核心课程主要包括理论物理基础、固体物理、半导体物理、微电子器件、微电子工艺、集成电路、工程图学、集成电路原理与设计、电子设计自动化、半导体材料、电力电子器件、光电器件、微波器件与电路、微电子机械系统、片上系统、射频集成电路、专用集成电路等。下面对其中的一些代表性课程进行简单介绍。

■ （1）半导体物理

"半导体物理"是微电子技术系列专业集成电路与集成系统专业和微电子科学与工程等相关专业的核心基础课程。本课程聚焦半导体物理的基础理论和主要性质，旨在使学生掌握半导体的晶体结构、价键模型、电子结构、半导体中的载流子、三维半导体的电输运、金属-半导体的接触、半导体表面效应和金属-绝缘层-半导体（Metal-Insulator-Semiconductor，MIS）结构等半导体物理的基础理论和主要性质，为从事半导体器件和电子系统的开发、设计及与此相关的科研工作打下必要的专业基础。

■ （2）微电子器件

本课程的先修课程是"半导体物理"，同时，本课程是晶体管设计与模拟、集成电路原理、微电子工艺、集成电路制造工艺等有关课程的先修课程。本课程旨在使学生熟练掌握典型微电子器件（PN结、BJT和MOSFET等）的基本结构、原理和电学特性，深入理解器件宏观特性与微观结构参数之间的内在联系、器件电学特性与集成电路性能之间的内在联系；强调器件分析方法的学习，培养学生举一反三、触类旁通的能力，使学生初步具备器件设计能力，为在微电子领域的进一步学习研究打下扎实基础。

■ （3）微电子工艺

本课程全面系统地介绍微电子工艺基础知识，重点阐述芯片制造单项工艺，包括：外延、热氧化、扩散、离子注入、化学汽相淀积、物理汽相淀积、光刻、刻蚀，还介绍金属互连、典型工艺集成、关键工艺设备，以及微电子工艺未来发展趋势。通过本课程的学习能使学生对微电子工艺技术有全面了解，为后续专业课程学习打下坚实基础，也利于学生专业素养的提高。本课程旨在使学生掌握微电子关键工艺的基本原理、方法、用途；熟悉主要工艺设备及检测仪器；了解典型集成电路芯片的制造流程。

■ （4）半导体材料

本课程主要围绕第一代到第四代半导体材料和功能半导体材料，较系统地介绍半导体材料的基本概念、基本理论、性能、制备方法、检测与测试、设计及应用。本课程是一门基础理论和实际应用有着紧密联系的课程，该课程会涉及半导体物理、材料科学基础、热力学与动力学等基础理论，同时也涉及半导体晶体生长、加工过程和产业应用等实践问题。另外，本课程还有一个特点，即半导体材料本身也是国际上的研究热点，新的知识不断涌现出来，呈现出新的发展趋势，因此本课程属于开放式课程。它不像一些基础课程的内容是固定下来的，而是不断地深化和延伸。

■ （5）集成电路制造工艺

本课程主要讲授集成电路制造的工艺原理、方法、设备及工艺中主要参数的测试和质量控制方法，旨在使学生能够掌握集成电路芯片制造的过程、原理、方法、设备操作及工艺参数等基本理论，能够根据半导体器件及集成电路芯片的制造技术要求，制定相关的工艺文件，分析工艺质量问题，操作核心工艺设备。能够养成良好的职业习惯，将来可以做一个合格的芯片前道制造技术员或半导体专用设备维护员；同时还可以根据工艺参数的具体要求，正确操作各种后道封装与测试设备，重点包括装片、键合、包封、切筋、分选测试、激光打印等，为做一个半导体芯片后道封装、测试技术员打下基础。

5.3.3 就业方向

本专业学生完成学业后一般可以在电子信息类的相关企业中，从事电子产品的生产、经营与技术管理和开发工作。主要面向集成电路、半导体制造业相关的生产企业和经营单位，从事集成电路的设计、开发、调试、检测等工作。涉及计算机、家用电器、民用电子产品、通信器材、工业自动化设备、国防军事、医疗仪器等领域。

具体可从事的职业有三个主要方向，分别是器件、工艺和集成电路设计。其中，器件方向侧重芯片中电阻、电容、晶体管和电感等，主要是成为材料器件工程师、电子元器件工程师等。工艺方向侧重芯片生产过程，包括氧化、淀积、金属化、光刻、离子注入、刻蚀、化学机械平坦化等内容，主要是成为金属有机化合物化学气相沉淀（Metal-organic Chemical Vapor Deposition，MOCVD）外延工艺工程师、可靠性工程师、封装工程师、测试工程师、设备工程师和FAE现场应用工程师等。集成电路设计方向非常广泛，包含了模拟、数字、射频等方向，主要是成为模拟集成电路设计工程师、数字集成电路设计工程师、集成电路版图设计工程师、片上系统设计与开发工程师和射频集成电路开发工程师等。

另外，本专业学生还可在微电子学与固体电子学、物理电子学、电路与系统、集成电路工程、电子与通信工程、计算机技术及相关专业继续攻读硕士、博士学位。

5.4 微电子学与固体电子学专业

5.4.1 培养目标

微电子学与固体电子学专业是现代信息技术的基础和重要支柱，也是国际高新技术研究的前沿领域和竞争焦点。本专业培养的研究生应具有微电子学与固体电子学方面坚实的基础理论和系统的专业知识，能熟练运用计算机和仪器设备进行实验研究，具有较强的分析问题和解决问题的能力。具体如下：

① 掌握集成电路设计理论与技术学科所规定的基础理论，具有扎实的集成电路设计与分析、现代电子技术建模和信息系统基本理论基础，具有扎实的集成电路及其应用技术基本功。

② 了解本学科的学科体系和前沿发展动态，并具有本学科基础理论在工程实际中综合应用的研究能力。

③ 对所从事的研究方向有深刻认识，对研究生论文所涉及的理论和技术体系应有相当深度的认识。

④ 本学科所培养的硕士研究生应能从事集成电路研究与设计工作，并能满足电子与信息领域工程与技术研发要求。

⑤ 学位获得者应具有严谨求实的工作态度和科学作风。

⑥ 本专业的学位获得者应具有第一外语听、说、读、写的一般能力。

目前开设此专业的院校大约有74所，具体如表5-4所示。

表5-4　微电子与固体电子学专业开设院校（部分统计）

院校名录		
电子科技大学	南京理工大学	重庆邮电大学
西安电子科技大学	中国科学技术大学	兰州大学
北京大学	厦门大学	中国人民解放军战略支援部队信息工程大学
清华大学	武汉大学	天津工业大学
东南大学	中山大学	天津理工大学
北京邮电大学	华南理工大学	南京航空航天大学
复旦大学	北京交通大学	湖北大学
上海交通大学	大连理工大学	长沙理工大学
南京大学	安徽大学	桂林电子科技大学
浙江大学	合肥工业大学	四川大学
西安交通大学	福州大学	贵州大学
北京航空航天大学	山东大学	西安邮电大学
北京理工大学	湖南大学	中国人民解放军海军航空大学
天津大学	重庆大学	北方工业大学
吉林大学	西南交通大学	河北大学

院校名录		
南京邮电大学	西安理工大学	华北电力大学
杭州电子科技大学	中国人民解放军陆军工程大学	中北大学
华中科技大学	中国传媒大学	哈尔滨工程大学
西北工业大学	河北工业大学	苏州大学
国防科技大学	太原理工大学	中国计量大学
中国人民解放军空军工程大学	长春理工大学	郑州大学
北京工业大学	黑龙江大学	武汉理工大学
南开大学	燕山大学	深圳大学
哈尔滨工业大学	上海大学	西北大学
华东师范大学	中南大学	

微电子学与固体电子学专业的研究方向较为广泛,另外,各个学校的培养重点也各有不同,下面列举几个典型学校的研究方向。

电子科技大学微电子学与固体电子学学科硕士研究生专业的研究方向:新型功率半导体器件与集成电路和系统;大规模集成电路与系统;专用集成电路与系统;SoC/SIP系统芯片技术;集成电路测试、封装、可靠性技术;射频微波、超高速器件与电路;新型固体电子器件与应用;固体信息、传感和存储技术及微组装技术;微细加工与MEMS技术。

北京大学微电子学与固体电子学学科硕士研究生专业的研究方向:新型半导体器件和VLSI可靠性;微电路系统芯片设计与可靠性;集成电路设计与VLSI技术;半导体器件与电路计算机模拟;VLSI技术与可靠性、新型材料与器件;VLSI与高密度集成技术。

复旦大学微电子学与固体电子学学科硕士研究生专业的研究方向:系统集成芯片设计方法学研究和应用;集成电路计算机辅助设计;半导体工艺/微电子薄膜及其在固态器件中的应用;微电子机械和集成传感器研究。

南京大学微电子学与固体电子学学科硕士研究生专业的研究方向:半导体光电材料与器件;半导体电子器件;半导体低维结构材料与纳电子器件;集成电路设计;有机半导体材料与器件;自旋电子学材料与器件;信息光子器件与超快光源系统。

南京理工大学微电子学与固体电子学学科硕士研究生专业的研究方向:专用集成电路设计;薄膜电子材料制备与测试分析;半导体与传感器集成化技术。

西南交通大学微电子学与固体电子学学科硕士研究生专业的研究方向:集成电路设计;电子器件及材料;现代天线理论及应用;嵌入式系统研究。

从上述院校的研究方向可以看出,微电子学与固体电子学专业的研究方向大体可分为两类:一类是器件方向的研究,主要包括半导体光电器件、半导体电子器件、自旋电子器件以及各类新型纳电子器件;另一类是电路与系统层级的研究,主要包括大规模集成电路与系统、专用集成电路与系统、系统集成芯片SoC设计与应用以及集成电路测试、封装、可靠性技术等。

5.4.2 代表性课程

微电子学与固体电子学专业课程设置一般包括基础和专业课，其中，基础课主要有自然辩证法、数值分析、矩阵论、现代电路理论、应用数学理论、半导体器件物理、量子力学、纳米电子学等；专业课程主要有超大规模集成电路CAD、数字集成电路原理与设计、VLSI电路和系统设计、集成电路设计方法。

下面对其中的一些代表性课程进行简单介绍。

■ （1）集成电路设计方法

本课程旨在使学生掌握VLSI芯片设计中从器件版图的设计规则、单元电路到系统的设计方法，结合实例设计，能初步做一个芯片的设计过程。

■ （2）纳米电子学

本课程旨在使学生掌握纳米体系的基本理论以及一些典型纳米电子器件的原理及制备方法。

■ （3）集成电路工艺和器件的计算机模拟

本课程旨在使学生掌握几种国际知名的集成电路工艺模拟程序，集成电路中MOS型和双极性器件模拟程序所用的物理模型及程序的应用，了解集成电路工艺和器件模拟技术的最新进展。

■ （4）集成电路工艺技术

本课程旨在使学生了解集成电路的制造原理、工艺方法和相关工艺设备，掌握超大规模集成电路工艺制备的基本原理，了解集成电路当前发展的最新动态，具备进一步开展集成电路研发的能力。

■ （5）现代集成电路分析方法

本课程旨在使学生掌握超大规模集成电路分析的基本方法，尤其是现代大规模电路降阶技术和非线性电路分析技术，加强学生在现代电路分析编程计算方面的训练，并能够运用到实际电路问题的分析中去。

■ （6）集成电路测试和可测性设计

本课程旨在使学生掌握集成电路尤其是大规模集成电路测试的基本概念、基本方法和基本算法，了解VLSI可测性设计的方法和系统可靠性设计。

5.4.3 就业方向

本专业毕业生有宽广的就业市场和较强的适应能力，可在电子和光电子器件设计、集成电路和集成电子系统（SoC）设计、光电子系统设计以及微电子技术、光电子技术、电子材料与元器件开发等领域及电子信息领域从事科技开发等工作。

具体来说，微电子学与固体电子学研究生主要有以下几个就业方向。

① IC设计（设计、验证、DFT）。这是微电子学与固体电子学专业最对口的就业方向，也是大部分微固毕业生的首选，具体方向可分为数字IC、模拟IC。

② IC制造。主要是成为薄膜工艺工程师、扩散工艺工程师、光刻工艺工程师、刻蚀工艺工程师、测试工艺工程师、工艺整合工程师。比较有名的大公司有台积电、中芯国际等。

③ 器件和工艺。主要从事电子材料与元器件设计开发等工作。

④ 科研院所、高等院校等。主要进行微电子学与固体电子学方向的科学研究工作。

5.5 电路与系统专业

5.5.1 培养目标

电路与系统专业主要研究电路与系统的理论、分析、测试、设计和物理实现。它是信息与通信工程和电子科学与技术这两个学科之间的桥梁，又是信号与信息处理、通信、控制、计算机乃至电力、电子等诸方面研究和开发的理论与技术基础。本专业培养在电路与系统学科方面掌握坚实的基础理论和系统的专门知识，具有独立从事科学研究、科技开发，能做出创造性成果的德、智、体全面发展的高级科技人才，具体要求如下：

① 在电路与系统学科领域有坚实的基础理论和系统的专门知识以及必要的实践技能。

② 熟悉本学科研究的历史、现状和发展趋势。

③ 掌握一门外语，能用外语熟练地阅读本专业的文献、撰写论文摘要，具有从事本学科内的科学研究、教学工作或独立担负专门技术工作的能力。

目前开设此专业的院校大约有74所，具体如表5-5所示。

表5-5　电路与系统专业开设院校（部分统计）

院校名录		
电子科技大学	南京理工大学	重庆邮电大学
西安电子科技大学	中国科学技术大学	兰州大学
北京大学	厦门大学	中国人民解放军战略支援部队信息工程大学
清华大学	武汉大学	天津工业大学
东南大学	中山大学	天津理工大学
北京邮电大学	华南理工大学	南京航空航天大学
复旦大学	北京交通大学	湖北大学
上海交通大学	大连理工大学	长沙理工大学
南京大学	安徽大学	桂林电子科技大学
浙江大学	合肥工业大学	四川大学
西安交通大学	福州大学	贵州大学
北京航空航天大学	山东大学	西安邮电大学
北京理工大学	湖南大学	中国人民解放军海军航空大学

院校名录		
天津大学	重庆大学	北方工业大学
吉林大学	西南交通大学	河北大学
南京邮电大学	西安理工大学	华北电力大学
杭州电子科技大学	中国人民解放军陆军工程大学	中北大学
华中科技大学	中国传媒大学	哈尔滨工程大学
西北工业大学	河北工业大学	苏州大学
国防科技大学	太原理工大学	中国计量大学
中国人民解放军空军工程大学	长春理工大学	郑州大学
北京工业大学	黑龙江大学	武汉理工大学
南开大学	燕山大学	深圳大学
哈尔滨工业大学	上海大学	西北大学
华东师范大学	中南大学	

电路与系统专业的研究方向较为广泛，另外，各个学校的培养重点也各有不同，下面列举几个典型学校的研究方向。

电子科技大学电路与系统专业的研究方向：非线性电路与系统；神经网络；射频、微波、毫米波电路与系统及集成技术；集成系统芯片（SoC）设计与工具开发；RF MEMS及系统集成；绿色能源技术；集成电路验证技术；集成电路中的信号完整性；电路与系统可靠性研究；高线性高效率射频微波发射机技术。

南京大学电路与系统专业的研究方向如下。

① 成像技术：主要进行隧道显微镜、光隧道显微镜、图像信息处理等方面研究，本专业研究水平处于国内领先地位。今后研究重点：图像识别与压缩、视频技术、新型微观非接触型探针研究等。

② 计算机应用基础研究：主要进行Linux系统及嵌入式系统应用软件研究与开发，自动程序控制，无线遥测、遥控，微控制模块，PLC应用，变频调速技术应用等研究。本方向已有较成熟的技术设备，可进行工业机电一体化技改工程。

③ 生物电子学及其应用：主要进行生物电信号检测、处理，生物电机理模型仿真，信息压缩、传输等研究。本方向研究整体水平在高校中处于国内领先，今后目标：拓宽生物电信号研究范围，从高频心电图向多导联心电图和心向量图转变，建立完整心电诊断数据库，开拓研究人体热象信息研究和远程异地诊断系统的开发。

④ 数字信号检测与处理：主要进行微弱信号放大、噪声抑制、微弱信号相干检测，雷达信号检测等研究。今后目标：开展FPGA应用于自适应滤波，实现相干检测技术虚拟化、多功能化、智能化。

复旦大学电路与系统专业的研究方向如下。

① 图像与智能信息处理：包括智能图像处理、图像编码，模式识别，神经网络等；

② 电路系统及应用：包括电路理论、集成电路测试、模拟电路设计等；

③ 数字系统与通信：包括DSP、嵌入式系统、数字通信、图像与视频数字系统等；

④ 医学信息技术：包括医学信号处理、医学图像处理等；

⑤ 自动控制：包括工业控制、过程控制、模糊控制、LED照明控制技术、自主机器人系统、无线传感器网络、智能信息获取和处理理论与方法等；

⑥ 电子测量技术：包括智能传感器系统、电子测量方法与技术、数据融合等；

⑦ 复杂网络系统理论及应用：包括信息网络和人群行为的分析与控制。

浙江大学电路与系统专业的研究方向：超大规模集成电路设计、高性能嵌入式CPU及系统芯片（SoC）设计；系统芯片设计方法学研究和相应EDA工具的研究与实现；高性能模拟与数模混合信号芯片设计等。

5.5.2 代表性课程

电路与系统专业课程设置一般包括基础和专业课，其中基础课主要有第一外语、科学社会主义理论与实践、自然辩证法、随机过程、矩阵论等。而各个学校由于研究重点不同，开设的主干课程也有所区别。这里列出几个典型学校开设的主干课程。

电子科技大学电路与系统专业的主干课程有：自适应信号处理、现代网络理论与综合、现代电路理论及应用、VLSI电路和系统设计、射频集成电路、RF MEMS及系统集成、人工神经网络与计算智能。

南京大学电路与系统专业的主干课程有：现代数字信号处理、信号处理中的数学方法、电子学进展、数字图像处理、近代电子学、DSP与微控制器、生物医学电子学、成像技术、数学工具软件MATLAB及其应用等。

复旦大学电路与系统专业的主干课程有：现代信号处理理论和方法、现代数字通信、电路与系统设计实验、现代控制理论、DSP系统、图像处理与编码、神经网络、电子测量技术、网络动力学等。

浙江大学电路与系统专业的主干课程有：超大规模集成电路技术导论、超大规模集成电路布图设计自动化、模拟与数模混合集成电路、计算机体系结构及其VLSI实现、IC设计的CAD流程等。

5.5.3 就业方向

本专业就业前景具有如下特点。

■ （1）行业变化迅速，需要大量新型人才

信息与通信产业的高速发展以及微电子器件集成规模的迅速增大，使得电路与系统走向数字化、集成化、多维化。电路与系统学科理论逐步由经典向现代过渡，同时和信息与通信工程、计算机科学与技术、生物电子学等学科交叠，相互渗透，形成一系列的边缘、交叉学科，如新的微处理器设计，各种软、硬件数字信号处理系统设计，人工神经网络及其硬件实现等。电子信息行业处于技术最前沿，该行业对人才的需求从数量上有更大的需求，从层次上有更高的需求。

■ （2）行业覆盖范围广，就业面较大

为实现"超常规"和"跨越式"发展，各行各业对电子信息方面的专业人才的需求与日

俱增，本专业学生毕业后可在科研机构、IT行业、光信息行业和中外合资企业从事大规模集成电路、光电子技术和电路与系统等方面的科学研究与设计、技术引进与开发以及相关领域的管理工作。

电路与系统就业方向大致可分为如下4个方向：

① 图像处理与成像技术：主要进行图像处理、模式识别、视频信号处理、立体视觉等研究。

② 嵌入式系统：主要进行Linux系统、嵌入式技术及其应用软件研究与开发。

③ 智能控制系统：主要进行自动程序控制、无线遥测遥控、微控制模块、PLC应用、变频调速技术应用等以及机电一体化工程应用研究。

④ 现代电子设计：主要开展FPGA、DSP、软件无线电等研究。

5.6 集成电路工程专业

5.6.1 培养目标

集成电路工程专业是研究生层次的工程类专业，属于电子科学与技术、信息与通信工程、计算机科学与技术等一级学科交叉领域。主要培养具有系统扎实的学科基础并能够针对应用需求进行研发、具有较强实践能力的高级实用型人才。具体培养目标是能扎实掌握微电子技术的基础知识和集成电路设计及制造的基础理论和专业知识，掌握解决工程问题的先进技术方法和现代技术手段；具有创新意识和独立担负工程技术或工程管理工作的能力。设计领域的学员应具有独立从事集成电路及系统的研究、设计和开发能力；工艺领域的学员应具有独立从事制造工艺的研究、改进和开发能力。

目前开设此专业的院校大约有44所，具体如表5-6所示。

表5-6 集成电路工程专业开设院校（部分统计）

院校名录			
北京大学	清华大学	福州大学	南通大学
北京邮电大学	北京理工大学	中国传媒大学	宁波大学
北京航空航天大学	天津大学	太原理工大学	南昌大学
武汉大学	中国科学技术大学	长春理工大学	江西理工大学
安徽大学	厦门大学	黑龙江大学	河南大学
合肥工业大学	辽宁大学	重庆邮电大学	武汉工程大学
杭州电子科技大学	沈阳工业大学	天津工业大学	湖北师范大学
华中科技大学	江南大学	天津理工大学	湖南工商大学
南开大学	苏州大学	河北大学	华南师范大学
南京理工大学	深圳大学	北方工业大学	广州大学
成都信息工程大学	四川轻化工大学	兰州交通大学	广东工业大学

集成电路工程专业以市场需求和工业界应用为导向，学校间的研究方向各不相同，下面列举几个典型学校的研究方向。

电子科技大学集成电路工程专业的研究方向：结合特定专业方向的集成电路设计开发；面向特定专业的集成电路应用系统设计。

复旦大学集成电路工程专业的研究方向：封装、系统。

北京大学集成电路工程专业的研究方向：智能移动终端技术；集成电路设计；集成电路制造；半导体能源技术及应用。

大连理工大学集成电路工程专业的研究方向：极大规模集成电路制造与测试技术；极大规模集成电路设计；半导体传感器与传感器芯片 SoC；微纳器件、半导体功率与光电子器件及应用；嵌入式系统与传感网。

东南大学集成电路工程专业的研究方向：集成电路器件与工艺；数模混合集成电路；通信与信息处理集成电路；系统芯片与嵌入式系统。

太原理工大学集成电路工程专业的研究方向：微型光电传感器技术；微纳机电系统；集成电路设计与测试；嵌入式系统设计和应用；信息处理与微系统；光电子器件集成及材料研究。

武汉大学集成电路工程专业的研究方向：集成电路工程技术基础理论；集成电路与片上系统设计；集成电路应用；集成电路工艺与制造；集成电路测试与封装；集成电路材料；电子设计自动化（EDA）技术及其应用；嵌入式系统设计和应用；集成电路知识产权管理；集成电路设计企业和制造企业管理等。

5.6.2 代表性课程

集成电路工程专业课程设置一般包括基础课和专业课，其中，基础课主要有政治理论课、外语课、高等工程数学（含矩阵理论、随机过程与排队论、高等代数、应用泛函分析、随机过程、数值分析、运筹学、泛函分析、组合数学等）、半导体器件物理等。专业课程一般由各培养点根据各自的培养方向和行业实际需要确定，下面列举几个典型学校开设的主干课程。

电子科技大学的集成电路工程专业主干课程：微细加工与 MEMS 技术；数字信号处理；VLSI 电路和系统设计；VHDL 语言与数字集成电路设计；模拟集成电路分析与设计；ASIC 设计技术及应用。

武汉大学的集成电路工程专业主干课程：固体电子学、电路优化设计、数字通信、系统通信网络理论基础、数字集成电路设计、模拟集成电路设计、集成电路 CAD、微处理器结构及设计、系统芯片 (SoC) 与嵌入式系统设计、射频集成电路、大规模集成电路测试方法学、微电子封装技术、微机电系统（MEMS）、VLSI 数字信号处理、集成电路制造工艺及设备、电子信息材料技术、现代管理学基础等。

5.6.3 就业方向

集成电路产业是当今高新技术企业重点发展的行业，也是国家鼓励支持发展的战略性产业之一。作为今后能够从事芯片研发设计等相关工作的主要专业之一，集成电路工程专业的毕业生的就业前景比较宽广，而且这一行业目前正是朝阳行业，具有良好的发展潜力。今后的就业方向主要包括以下三个方面。

第一，到各级各类集成电路生产企业从事芯片设计、研发、封装、测试等相关的工作。我国具备集成电路生产、设计、研发、销售等相关资格的企业并不是很多，例如中芯国际、华为等企业就是集成电路生产的代表性企业。目前在国家集成电路产业基金的扶持下，地方上也有不少企业在从事集成电路的生产，例如景嘉微、华润微等企业，也有集成电路的相关设计研发企业。

第二，到各级各类智能手机、笔记本电脑等电子产品生产企业从事集成电路的设计、研发、生产、销售与管理工作。这是集成电路工程专业的具体应用，因为集成电路工程是一个应用性非常强的专业，研发出来的芯片以及相关的设备归根结底还是要应用在相应的产品上面。所以像智能手机终端、笔记本电脑这些电子产品就是最主要的应用方向。例如华为、中兴通讯、联想、海尔智家等相关的企业都有相关的工作岗位。从工作性质来说，到生产端去从事技术研发可能相对来说还容易一些，毕竟其侧重于应用，而不是原始理论创新。

第三，到集成电路科研机构、高等院校从事专门的集成电路研究工作。这个方面更多的是侧重于从基础理论创新层面去从事科研工作。这一就业方向要求的专业技能程度非常高，至少对于个人的专业技术的要求是比较高的。

5.7 集成电路科学与工程专业

5.7.1 培养目标

2020年12月30日，《国务院学位委员会　教育部关于设置"交叉学科"门类、"集成电路科学与工程"和"国家安全学"一级学科的通知》（学位〔2020〕30号），按照《学位授予和人才培养学科目录设置与管理办法》的规定，经专家论证，国务院学位委员会批准，决定设置"交叉学科"门类（门类代码为"14"）、"集成电路科学与工程"一级学科（学科代码为"1401"）和"国家安全学"一级学科（学科代码为"1402"）。"集成电路科学与工程"一级学科一般能培养硕士和博士研究生。

集成电路科学与工程专业学术型硕士研究生的主要培养目标为培养具有国家使命感和社会责任心，遵纪守法，品行端正，诚实守信，具有良好的科研道德和敬业精神，富有科学精神和国际视野的高素质、高水平创新人才。掌握本学科领域坚实的基础理论和系统的专门知识，掌握本学科的科学实验方法和技能；较好地掌握一门外语，具有一定的国际学术交流能力；具有从事科学研究工作或独立担负专门技术工作的能力，在科学研究或工程技术工作中具有一定的组织和管理能力，有良好的合作精神和较强的交流能力；能够胜任集成电路科学与工程及相关领域的科学研究工作。

而集成电路科学与工程专业学术型博士研究生的主要培养目标为培养具有国家使命感和社会责任心，遵纪守法，品行端正，诚实守信，具有良好的科研道德和敬业精神，富有科学精神和国际视野的高素质、高水平创新人才。掌握本学科领域坚实宽广的基础理论和系统深入的专门知识；掌握本学科的科学实验方法和技能；熟练地掌握一门外语，具有国际学术交流能力；具有独立地、创造性地从事科学研究的能力，并有良好的合作精神和较强的交流能力；能够在科学研究或专门技术上做出创造性的成果；能够独立从事集成电路科学与工程及相关领域的科学研究工作。

根据2021年11月12日教育部官网发布的《国务院学位委员会关于下达2020年审核增列的集成电路科学与工程一级学科学位授权点名单的通知》，此次共有18所高校入选新增"集成电路科学与工程"一级学科博士学位授权点名单，具体为：北京大学、清华大学、北京航空航天大学、北京理工大学、北京邮电大学、上海交通大学、南京大学、东南大学、南京邮电大学、浙江大学、杭州电子科技大学、厦门大学、华中科技大学、华南理工大学、电子科技大学、西北工业大学、西安电子科技大学、中国科学院大学。上海大学则是唯一一所新增"集成电路科学与工程"一级学科硕士学位授权点高校。

根据《国务院学位委员会关于下达2021年学位授权自主审核单位撤销和增列的学位授权点名单的通知》（学位〔2022〕12号），华东师范大学、中国科学技术大学、山东大学、武汉大学、中山大学、西安交通大学共6所高校获批"集成电路科学与工程"一级学科博士学位授权点，天津大学获批"集成电路科学与工程"一级学科硕士学位授权点。另外，在集成电路科学与工程一级学科还没有设立时，复旦大学就已开始试点招收博士生。

5.7.2　代表性课程

集成电路科学与工程专业课程设置一般包括公共课、基础课和专业课，其中，公共课主要有政治理论课（含自然辩证法概论、中国马克思主义与当代等）、公共英语课、学术道德与科研诚信、信息检索与科技写作等。

基础课主要包括数值分析、矩阵分析、科学与工程计算、近代数学基础、最优化方法、随机过程、现代回归方法等数学类课程。

前沿交叉课一般有人工智能与大数据、机器人与智能制造、材料科学、生命科学、量子科学、管理经济等。

学科核心课主要有集成电路设计与先进封装、柔性电子材料与器件、MEMS原理、纳米电子器件及应用。

而相关的专业课较多，主要有三维集成技术，毫米波系统理论、技术及应用，微波毫米波电路与集成技术，超大规模集成电路设计导论，CMOS模拟集成电路设计，集成光学基础，电子薄膜科学及技术，纳米探测技术及应用，现代微波电路与器件，射频电路设计理论与应用，高等数字通信，CMOS模数转换器设计，微纳器件设计与分析技术，传感材料、器件与工艺，半导体器件物理，材料科学基础，低维半导体材料及纳米器件前沿科技，微纳物理电子学，半导体工艺，固体物理学，纳米材料光电子学与器件制备，集成电路科学进展，微纳加工技术与应用，集成电路工艺，半导体光电子学，MEMS设计，生物光子学，智能集成微系统等。学生可根据研究方向挑选上述课程进行选修。

5.7.3　就业方向

集成电路科学与工程专业原本是属于电子科学与技术这一一级学科下面的二级学科，2020年成为一级学科，其目的就是要构建支撑集成电路产业高速发展的创新人才培养体系，从数量上和质量上培养出满足产业发展急需的创新型人才，这也从侧面说明本专业就业前景较好。目前开设本专业的学校不多，毕业生也不多，但需求非常旺盛。目前，毕业生大致在以下几个方向就业：一是航空航天芯片领域，如中国航天科技集团、中航工业集团等；二是集成电路领军企业，如华为技术有限公司、中芯国际、华力微电子、歌尔股份有限公司等；三是去开设集成电路相关专业的高校和相应的研究所，如771研究所、631研究所等；四是在集成电路初创企业及其他互联网领军企业，如寒武纪科技有限公司、武汉芯动、阿里巴巴集团等。

5.8 集成电路技术应用专业

5.8.1 培养目标

集成电路技术应用专业主要培养理想信念坚定，德、智、体、美、劳全面发展，具有一定的科学文化水平，良好的人文素养、职业道德和创新意识，精益求精的工匠精神，较强的就业能力和可持续发展的能力；掌握本专业知识和技术技能，面向集成电路制造、集成电路封装与测试、简单集成电路设计与应用等岗位群，能够从事集成电路相关工艺制造、封装测试、版图设计、应用维护、营销及售后服务等工作的高素质复合型技术技能人才。

目前开设此专业的院校较多，表5-7仅列出部分院校。

表5-7　开设集成电路技术应用的院校（部分统计）

开设院校		
武汉职业技术学院	江苏信息职业技术学院	深圳信息职业技术学院
河北交通职业技术学院	西安信息职业大学	上海电子信息职业技术学院
常州信息职业技术学院	合肥职业技术学院	武汉科技大学职业技术学院
北京大学职业技术学院	重庆城市管理职业学院	山东劳动职业技术学院
芜湖职业技术学院	唐山海运职业学院	衡水职业技术学院

5.8.2 代表性课程

除国家规定的教学内容外，各院校一般会根据办学定位和人才培养目标等开设人文社会科学、外语、计算机基础、体育、艺术等相关科目，另外，各高校还会根据自身人才培养定位开设高等数学、大学物理等数学和自然科学类课程。一般来说，本专业的主干课程有：集成电路设计基础、集成电路版图设计、集成电路制造工艺、集成电路封装技术、电子组装技术、PCB板设计与制作、嵌入式技术、单片机应用技术、半导体器件物理、集成电路制造工艺、半导体集成电路、Verilog HDL应用、集成电路版图设计技术、系统应用与芯片验证等。下面对其中的一些代表性课程进行简单介绍。

■ （1）集成电路设计基础

本课程涵盖了半导体物理、半导体器件、微电子工艺、CMOS模拟集成电路、数字集成电路以及集成电路版图设计等体系化基础知识。旨在让学生了解当今集成电路设计的基本方法与技术；掌握MOS器件的基本结构、模型与特性，掌握基本的组合逻辑电路和时序逻辑电路的原理；了解微电子集成电路工艺基本流程；认识集成电路的基本版图；掌握CMOS模拟集成电路基本理论、定性及定量分析方法、设计技术；熟练掌握数字集成电路基础理论、基本结构、评价方法，最终具备开展集成电路设计的基础知识和基本方法；掌握集成电路的基本概念、基本规律与基本分析方法，培养适合于工程学科的思维方式，提升逻辑思维能力。

■ （2）集成电路封装技术

通过本课程的学习能够使学生系统地了解集成电路封装行业的发展、技术和工艺，为从事相关行业或岗位工作打下综合素养、知识和技能基础。课程内容包含：集成电路封装和测试基础，集成电路封装工艺流程，集成电路封装类型与技术，封装性能表征与参数，集成电路封装测试与分析技术，集成电路封装的发展趋势六个模块。结合实际生产技术，由浅入深介绍集成电路封装各个领域的知识和技术，并介绍集成电路质量保证体系和测试技术的重要性。

■ （3）集成电路版图设计

本课程旨在让学生掌握一种集成电路设计方法。通过在软件环境中掌握常用元器件的版图绘制，对CMOS反相器、CMOS与非门、CMOS或非门、CMOS组合逻辑电路进行版图设计，巩固丰富专业知识，进而能进行简单的集成电路分版图设计。目的是让学生了解集成电路设计流程，熟练使用集成电路版图设计软件，了解并能够绘制基本元器件版图，掌握数字单元版图的设计和验证方法，了解模拟集成电路版图设计和验证方法。

■ （4）集成电路测试技术

本课程旨在让学生掌握集成电路测试基本概念；掌握集成电路测试相关标准及规范；掌握集成电路测试系统；掌握集成电路可测性设计；掌握晶圆测试的原理、方法；掌握集成电路芯片测试的原理、方法；掌握模拟集成电路测试的基础知识及测试实例；掌握数字集成电路测试的基础知识及测试实例；掌握混合集成电路测试的基础知识及测试实例。目的是使学生能胜任集成电路测试助理、集成电路测试工程师等岗位的要求。

■ （5）集成电路制造工艺

本课程主要讲授集成电路制造的工艺原理、方法、设备及工艺中主要参数的测试和质量控制方法。学生通过本课程的学习，能够掌握集成电路芯片制造的过程、原理、方法、设备操作及工艺参数等基本理论，能够根据半导体器件及集成电路芯片的制造技术要求，制定相关的工艺文件，分析工艺质量问题，操作核心工艺设备，能够养成良好的职业习惯，将来可以做一名合格的芯片前道制造技术员和半导体专用设备维护员；同时还可以根据工艺参数的具体要求，正确操作各种后道封装与测试设备，重点包括装片、键合、包封、切筋、分选测试、激光打印等，为做一名半导体芯片后道封装、测试技术员打下基础。

5.8.3 就业方向

集成电路产业作为国民经济基础性、关键性和战略性的产业，是反映国家综合实力的重要标志。《中国集成电路产业人才白皮书》显示，近年来集成电路企业的人才需求量一直居高不下。本专业就业主要面向集成电路设计、芯片测试与应用开发、半导体制造等企事业单位，就业岗位主要包括集成电路产业相关的后端设计、集成电路的系统应用、芯片版图与系统验证、集成电路版图设计、FPGA开发与应用、芯片应用开发、芯片生产和封装测试等。主要技术岗位包括微电子工艺技术员、集成电路逻辑和版图设计助理工程师、系统应用工程师等。同时，本专业学生还可在集成电路设计与集成系统、微电子科学与工程等专业就读本科。

5.9 集成电路相关资格证书

5.9.1 1+X职业技能等级证书

2020年，教育部等部门联合印发《关于在院校实施"学历证书+若干职业技能等级证书"制度试点方案》，部署启动"学历证书+若干职业技能等级证书"（简称1+X证书）制度试点工作。简单来讲，"1"是学历证书，是指学习者在学制系统内实施学历教育的学校或者其他教育机构中完成了学制系统内一定教育阶段学习任务后获得的文凭；"X"为若干职业技能等级证书。"1+X证书制度"，就是学生在获得学历证书的同时，取得多类职业技能等级证书。"1"是基础，"X"是"1"的补充、强化和拓展。学历证书和职业技能等级证书不是两个并行的证书体系，而是两种证书的相互衔接和相互融通。

学历证书与职业技能等级证书体现的学习成果相互转换。获得学历证书的学生在参加相应的职业技能等级证书考试时，可免试部分内容，获得职业技能等级证书的学生，可按规定兑换学历教育的学分，免修相应课程或模块。

与集成电路相关的职业技能等级证书如表5-8所示。

表5-8　集成电路相关职业技能等级证书（部分统计）

培训评价组织名称	等级证书名称
杭州朗迅科技有限公司	集成电路开发与测试职业技能等级证书
杭州朗迅科技有限公司	集成电路设计与验证职业技能等级证书
杭州朗迅科技有限公司	集成电路封装与测试职业技能等级证书
新华三技术有限公司	集成电路检测技术应用职业技能等级证书
北京华大九天软件有限公司	集成电路版图设计职业技能等级证书

（1）集成电路开发与测试职业技能等级

集成电路开发与测试职业技能主要面向集成电路相关行业的辅助设计、生产、售前售后维护部门，完成相关制造及前端企业的版图辅助设计、生产工艺管理、质量检测、设备维护，封装测试相关企业的生产管理，测试程序调试、产品质量检验、设备调试维修和改造以及芯片成品使用企业的应用开发等工作。

集成电路开发与测试职业技能等级分为三个等级：初级、中级、高级，三个级别依次递进，高级别涵盖低级别职业技能要求。其中，集成电路开发与测试（初级）主要针对集成电路相关科研机构及企事业单位，面向见习工艺工程师、见习设备工程师、见习软件工程师、见习外观检验员、见习测试员、见习生产保障技术员等岗位，从事日常工艺维护、设备的周期性保养、设备维护和简单维修、电子产品装配等基础技术工作。

集成电路开发与测试（中级）主要针对集成电路相关科研机构及企事业单位，面向工艺工程师、设备工程师、软件工程师、外观检验员、测试员、生产保障技术员等岗位，从事常规工艺优化及工艺程序修改、现场设备的安装调试和定期维护、软件程序维护、版图辅助设计、电子产品装调等工作。

集成电路开发与测试（高级）主要针对集成电路相关科研机构及企事业单位，面向工艺工程师、设备工程师、软件工程师、外观检验工程师、测试工程师、生产保障工程师等岗位，从事工艺监控的检测标准制定、工艺参数监控与管理、新的设备调试及导入、软件程序设计、版图设计、电子产品设计等工作。

■ （2）集成电路设计与验证职业技能等级

集成电路设计与验证职业技能主要面向集成电路相关行业的逻辑提取、FPGA程序设计、芯片版图设计等产品开发类部门，完成集成电路产品定义、模板指标制定、模块架构和电路设计、基于FPGA的IC设计、数字和模拟集成电路的逻辑提取、逻辑设计与验证、版图识别、版图设计与验证以及基于Verilog硬件描述语言的集成电路设计与系统设计等开发工作。

集成电路设计与验证职业技能等级分为三个等级：初级、中级、高级，三个级别依次递进，高级别涵盖低级别职业技能要求。其中，集成电路设计与验证（初级）主要面向集成电路相关行业及产品开发类企业中的见习FPGA IC设计技术员、见习逻辑提取技术员、见习逻辑验证技术员、见习版图识别技术员等岗位，从事辅助的FPGA IC设计、基本的逻辑提取、逻辑图输入、版图识别等基础性的IC设计方面的工作。

集成电路设计与验证（中级）主要面向集成电路相关行业及产品开发类企业中的见习FPGA IC设计助理工程师、逻辑提取技术员、逻辑设计与验证助理工程师、版图设计与验证助理工程师等岗位，从事基于FPGA IC设计、常见数字和模拟集成电路逻辑提取、集成单元和模块的逻辑仿真验证、基于Verilog硬件描述语言的简单设计、单元和模块的版图输入、基本的版图验证等辅助性的IC设计方面的工作。

集成电路设计与验证（高级）主要面向集成电路相关行业及产品开发类企业中的FPGA和系统设计工程师、逻辑设计工程师、逻辑验证工程师、版图设计与验证工程师等岗位，从事基于集成电路产品定义、模块指标制定、模块架构和电路设计、集成电路逻辑提取、数字和模拟集成的逻辑仿真验证、基于Verilog硬件描述语言的集成电路设计、全芯片全定制版图设计与验证、基于标准单元的版图设计与验证等IC设计方面的工作。

■ （3）集成电路封装与测试职业技能等级证书

集成电路封装与测试职业技能主要面向集成电路相关行业的产品质量管理、产品参数测试、售前售后维护部门，完成封装测试相关企业的生产管理、晶圆测试参数程序设计、封装电路质量检验、电路测试参数验证、设备调试维修和改造等工作。

集成电路封装与测试职业技能等级分为三个等级：初级、中级、高级，三个级别依次递进，高级别涵盖低级别职业技能要求。其中，集成电路封装与测试（初级）主要针对集成电路相关行业，面向见习封装品管技术员、见习外观检验员、见习测试员、见习生产保障技术员等岗位，从事工艺和设备的操作、周期性保养、设备维护和简单维修等基础技术工作。

集成电路封装与测试（中级）主要针对集成电路相关行业，面向助理封装品管工程师、助理设备保障工程师、助理封装技术工程师、外观检验员、测试员、生产保障技术员等岗位，从事封装与测试的质量检验、现场设备的安装调试和定期维护等工作。

集成电路封装与测试（高级）主要针对集成电路相关行业，面向封装品管工程师、封装技术工程师、设备维修工程师、外观检验工程师、测试工程师、生产保障工程师等岗位，从事封装与测试现场设备排故与维修、新设备调试及数据导入、质量评估及优化工作。

■ （4）集成电路检测技术应用职业技能等级证书

集成电路检测技术应用职业技能等级分为三个等级：初级、中级、高级，三个级别依次递进，高级别涵盖低级别职业技能要求。其中，集成电路检测技术应用（初级）主要面向半导体行业集成电路领域的晶圆厂、封装厂、贴片厂、测试厂等相关企事业单位，从事集成电路测试、产品抽样质检相关工作，根据作业流程要求完成生产设备或者测试设备的操作、维护保养、技术参数设置等基本技术工作。

集成电路检测技术应用（中级）主要面向半导体行业集成电路领域的晶圆厂、封装厂、贴片厂、测试厂等相关企事业单位，从事测试仪器开发维护及测试流程监管相关工作，能根据测试目标调整测试方案和开发测试仪器，对测试流程进行合理修改和管理。或面向半导体行业集成电路领域的集成电路方案设计公司等相关企事业单位，从事方案测试、测试工具设计等相关工作，能对设计人员设计的产品方案提出合适的测试方案并进行相关测试，提出合理的测试结论和整改意见。

集成电路检测技术应用（高级）主要面向半导体行业集成电路领域的集成电路方案设计公司、集成电路设计公司等相关企事业单位，从事集成电路设计应用相关工作，根据产品功能要求设计集成电路测试的应用方案，设计作业参数，开发相关可测性设计、方案，制定相关作业流程等工作。

■ （5）集成电路版图设计职业技能等级证书

集成电路版图设计职业技能等级分为三个等级：初级、中级、高级，三个级别依次递进，高级别涵盖低级别职业技能要求。其中，集成电路版图设计初级和中级主要面向集成电路版图设计、集成电路验证、集成电路应用、电子硬件应用、集成电路生产线操作、集成电路测试、集成电路工艺开发、电路板开发及应用、集成电路封装设计等工作。

集成电路版图设计（高级）主要面向集成电路版图设计、模拟集成电路设计、数字集成电路设计、数模混合集成电路设计、集成电路验证、集成电路应用、电子硬件应用、集成电路生产线操作及管理、集成电路测试、集成电路工艺开发、电路板开发及应用、集成电路封装设计、EDA工具开发及应用等工作。

5.9.2 集成电路工程技术人员证书

2021年，人力资源和社会保障部与工业和信息化部联合颁布了集成电路、人工智能、物联网、云计算、工业互联网、虚拟现实工程技术人员和数字化管理师等7个国家职业技术技能标准。其中，对集成电路工程技术人员的职业定义为"从事集成电路需求分析、集成电路架构设计、集成电路详细设计、测试验证、网表设计和版图设计的工程技术人员"。在专业技术等级上共设三个等级，分别为初级、中级、高级。每一等级均对应三个职业方向：集成电路设计、集成电路工艺实现和集成电路封测。

■ （1）考核要求

要获得对应的技术等级证书，需要经过培训。按照《集成电路工程技术人员国家职业技术技能标准(2021年版)》的职业要求参加有关课程培训，完成规定学时，取得学时证明。初级128标准学时，中级128标准学时，高级160标准学时。理论知识培训在标准教室或线上平台进行，专业能力培训则需要在配备相应设备和工具（软件）系统等的实训场所、工作现场或线上平台进行。

在申报相应技术等级证书时，除了取得对应级别的培训学时证明，还需要满足一定的条件。以下条件具备其中之一者，可以申报对应等级。

① 初级专业技术等级

a. 取得技术员职称。

b. 具备相关专业大学本科及以上学历（含在读的应届毕业生）。

c. 具备相关专业大学专科学历，从事本职业技术工作满1年。

d. 技工院校毕业生按国家有关规定申报。

② 中级专业技术等级

a. 取得助理工程师职称后，从事本职业技术工作满2年。

b. 具备大学本科学历，或学士学位，或大学专科学历，取得初级专业技术等级后，从事本职业技术工作满3年。

c. 具备硕士学位或第二学士学位，取得初级专业技术等级后，从事本职业技术工作满1年。

d. 具备相关专业博士学位。

e. 技工院校毕业生按国家有关规定申报。

③ 高级专业技术等级

a. 取得工程师职称后，从事本职业技术工作满3年。

b. 具备硕士学位，或第二学士学位，或大学本科学历，或学士学位，取得中级专业技术等级后，从事本职业技术工作满4年。

c. 具备博士学位，取得中级专业技术等级后，从事本职业技术工作满1年。

d. 技工院校毕业生按国家有关规定申报。

在考核方式上，会从理论知识和专业能力两个维度对专业技术水平进行考核。各项考核均实行百分制，成绩皆达60分（含）以上者为合格。考核合格者获得相应专业技术等级证书。

理论知识考试采用笔试和机考的方式进行，主要考查集成电路工程技术人员从事本职业应掌握的基本知识和专业知识。专业能力考核采用方案设计、实际操作等实践考核方式，主要考查集成电路工程技术人员从事本职业应具备的实际工作能力。

■ （2）基本要求

除了具备职业道德基本知识和职业守则外，还需要掌握相应的基础知识，具体如下。

① 专业基础知识　主要包括：半导体物理与器件知识；信号与系统知识；模拟电路

知识；数字电路知识；微机原理知识；集成电路工艺流程知识；集成电路计算机辅助设计知识。

② 技术基础知识　主要包括：硬件描述语言知识；电子设计自动化工具知识；集成电路设计流程知识；集成电路制造工艺开发知识；集成电路封装设计知识；集成电路测试技术及失效分析知识。

③ 其他相关知识和法律法规　主要包括：安全知识；知识产权知识；环境保护知识；《中华人民共和国劳动法》相关知识；《中华人民共和国劳动合同法》相关知识；《中华人民共和国标准化法》相关知识；《中华人民共和国知识产权法》相关知识；《中华人民共和国网络安全法》相关知识；《中华人民共和国密码法》相关知识。

■ （3）工作要求

集成电路设计方向的职业功能包括模拟与射频集成电路设计、数字集成电路设计、集成电路测试设计与分析、设计类电子设计自动化工具开发与测试。

集成电路工艺实现方向的职业功能包括集成电路工艺开发与维护、集成电路测试设计与分析、生产制造类电子设计自动化工具开发与测试。

集成电路封测方向的职业功能包括模拟与射频集成电路设计、数字集成电路设计、集成电路封装研发与制造、集成电路测试设计与分析、生产制造类电子设计自动化工具开发与测试。

另外，以上各方向对初级、中级、高级的专业能力要求和相关知识要求依次递进，高级别涵盖低级别的要求。具体要求详见《集成电路工程技术人员国家职业技术技能标准》。

参考文献

[1] 1+X证书制度试点启动 [EB/OL]. http://www.moe.gov.cn/jyb_xwfb/s5147/201904/t20190417378 361.html.

[2] 教育部办公厅等四部门关于进一步做好在院校实施1+X证书制度试点有关经费使用管理工作的通知[EB/OL]. http://www.moe.gov.cn/srcsite/A05/s7499/202009/t20200911_487321.html.

[3] "1+X证书制度"：一种关于人才培养、评价模式的制度设计[EB/OL].https://baijiahao.baidu.com/ s?id=1641784901578475781&wfr=spider&for=pc.

[4] 国家职业技术技能标准——集成电路工程技术人员(2021年版）[EB/OL]. https://www.eet-china.com /d/file/news/2021-10-18/a9f119efb45fc44586cff59f29ab42a8.pdf.

习题

1. 请列举本科阶段与集成电路相关的1～3个专业名称，并明确各自的培养目标。

2. 请列举研究生阶段与集成电路相关的1～3个专业名称，并明确各自的培养目标。

3. 请列举与数字集成电路相关的3～5门课程名称，并明确各自的培养目标。

4. 请列举与模拟集成电路相关的3～5门课程名称，并明确各自的培养目标。

5. 请列举与集成电路相关的3～5个就业领域，并明确具体工作内容。

第 **6** 章

集成电路就业岗位

▶▶ 思维导图

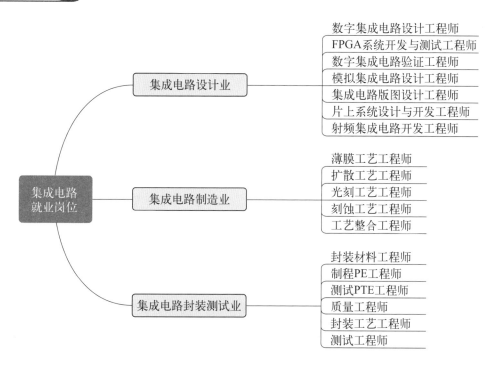

集成电路设计业
- 数字集成电路设计工程师
- FPGA系统开发与测试工程师
- 数字集成电路验证工程师
- 模拟集成电路设计工程师
- 集成电路版图设计工程师
- 片上系统设计与开发工程师
- 射频集成电路开发工程师

集成电路就业岗位

集成电路制造业
- 薄膜工艺工程师
- 扩散工艺工程师
- 光刻工艺工程师
- 刻蚀工艺工程师
- 工艺整合工程师

集成电路封装测试业
- 封装材料工程师
- 制程PE工程师
- 测试PTE工程师
- 质量工程师
- 封装工艺工程师
- 测试工程师

　　经过前五章的阅读，读者对集成电路这门学科及其应用已经有了初步认识。本章将会针对集成电路的就业岗位进行说明分析，按照集成电路的整体设计流程依次为集成电路设计业、集成电路制造业和集成电路封装测试业。本章会针对上述三个方向的多种岗位进行介绍，包括国内各个岗位对工程师的职业需求、学历要求、薪资待遇、招聘职位和就业前需要掌握的前期课程等。

本节介绍集成电路设计业中有哪些就业岗位，并详细介绍不同岗位的工程师需要掌握的职业技能、学历要求、薪资待遇及多数招聘公司所在的省市，方便读者了解集成电路专业的实际就业情况。

6.1.1　数字集成电路设计工程师

数字集成电路设计工程师负责完成数字芯片电路的设计与开发，能够协同算法工程师定义系统架构，实现RTL级设计与验证。负责芯片子模块数字逻辑设计，根据设计需求编写设计文档并完成代码开发，负责模块单元验证，根据设计规格完成单元验证环境搭建、用例设计和代码调试，参与芯片集成验证和系统验证工作。

简单来说，数字集成电路设计工程师需要完成芯片中数字电路部分的设计，并完成设计部分的代码编写与系统验证工作。多数公司要求的就业学历为硕士研究生以上学历，学科要求为集成电路与微电子专业，对英语CET4级要求也比较严格，甚至部分公司要求能够无障碍阅读英文开发资料。同时，公司还要求必须精通Verilog硬件描述语言（Hardware Description Language, HDL）开发语言，有扎实的数字电路基础知识，熟悉芯片开发流程，熟悉常用的仿真综合等电子设计自动化（Electronic Design Automation, EDA）工具。还要求熟悉C/C++语言，熟悉Perl/shell等脚本语言。

数字集成电路设计工程师的主要日常工作是按照工程需求完成数字模块的逻辑设计，用Verilog HDL语言对数字模块进行编程，除此之外还需要完成算法部分的逻辑实现。Verilog HDL语言是数字集成电路设计工程师们最常用到的语言。Verilog HDL语言是一种硬件描述语言，是以文本形式描述数字系统硬件的结构和行为的语言。Verilog HDL语言可以表示逻辑电路图、逻辑表达式，以及数字逻辑系统所完成的逻辑功能，在FPGA和数字IC设计中应用十分广泛。Verilog HDL语言并非唯一的硬件描述语言，它与VHDL和System Verilog HDL并列为三大硬件描述语言。因为其语法简单、易上手等特性，在数字集成电路（Integrated Circuit,IC）设计，现场可编程门阵列（Field Programmable Gate Array,FPGA）、复杂可编程逻辑器件（Complex Programmable Logic Device，CPLD）和专用集成电路（Application Specific Integrated Circuit，ASIC）等芯片领域被广泛使用，是数字集成电路设计工程师必须掌握的一门编程语言。

数字集成电路设计工程师除了设计以外，简单单元验证环境搭建也是日常的工作内容之一。当代码设计完成，模块规模较小时，一般需要数字集成电路设计工程师自己负责模块单元验证。模块级别的单元验证，便于数字集成电路设计工程师找到设计代码中的逻辑错误或语法错误，方便代码的调试与修正。同时还需要数字集成电路设计工程师参与芯片集成验证和系统验证工作，主要负责协调集成电路验证工程师完成该部分的验证工作，为集成电路验证工程师讲解系统功能及设计要点，方便集成电路验证工程师搭建系统的验证环境，并通过集成电路验证工程师反馈的验证结果及时修改和调试代码，达到优化系统工程的目的。

以上两点是数字集成电路设计工程师的主要日常工作，除此之外还需要工程师具有一定的科技文档编写能力。首先是代码书写规范，在统一代码书写风格后，公司一般还会要求设计工程师具有编写注释的习惯，方便后续文档的复用和修改。

　　作为数字集成电路设计工程师，不仅要符合上述的能力要求，还要熟练地掌握数字集成电路设计过程中的EDA工具。在代码编写过程中，文本编辑器就可以实现基本的代码编写需求，Intel公司的Quartus和Xilinx公司的Vivado不仅能够实现代码编写的基本需求，还能检查代码的语法错误，更方便协同后期的FPGA验证功能。如图6-1所示为Quartus软件视图，如图6-2所示为Vivado软件视图。除FPGA验证方法外，EDA软件Modelsim和VCS也是数字集成电路设计工程师常用的验证工具。如图6-3所示为Modelsim软件视图，如图6-4所示为VCS软件视图。在集成电路设计中，EDA软件就是工程师的工具与武器，可帮助工程师更好地完成相应的工作。想要成为一名合格的数字集成电路设计工程师，熟练掌握以上四个EDA辅助工具是必不可少的。

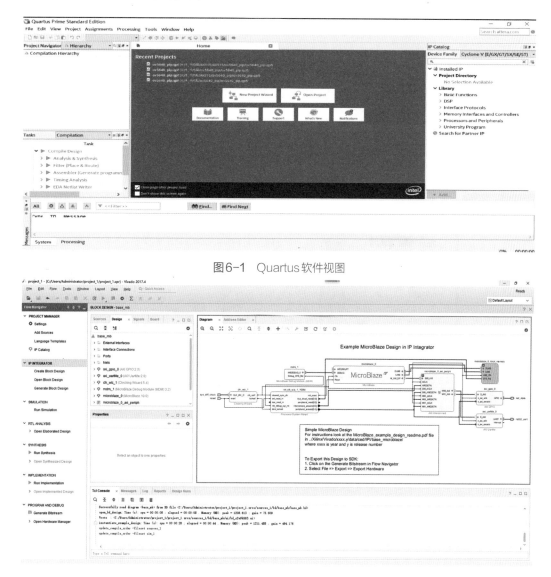

图6-1　Quartus软件视图

图6-2　Vivado软件视图

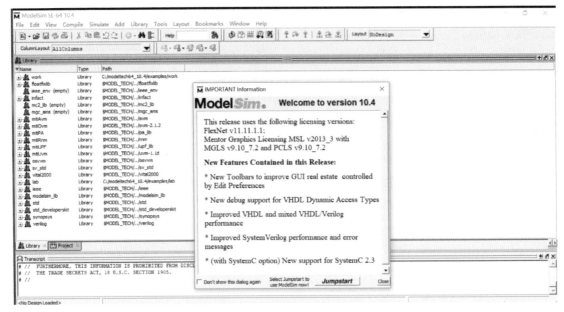

图6-3　Modelsim软件视图

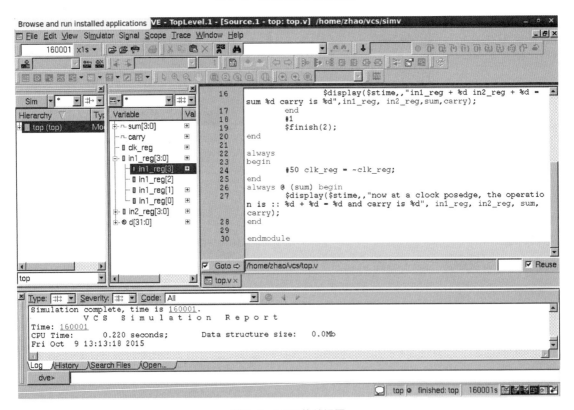

图6-4　VCS软件视图

　　薪酬方面，应届毕业生的月薪整体约为8000～15000元，有3～5年工作经验的月薪整体约为20000～60000元，部分公司会开出70000元甚至更高。就业城市北京、深圳、上海居多，但天津、苏州、合肥、成都等城市需求也很高。

　　总的来说，数字集成电路设计工程师就业情况好，发展前景好，可选择的就业城市和公司丰富。

前修课程推荐《数字电路》《超大规模集成电路设计》《高级数字系统设计》和《专用数字集成电路设计》等。

6.1.2　FPGA系统开发与测试工程师

FPGA系统开发与测试工程师负责FPGA项目中的系统设计或模块开发，包括方案设计、代码编写、仿真验证、上板调试、系统联调。分析并解决开发过程中的问题，优化FPGA资源及时序，提高系统性能。配合嵌入式软件、硬件工程师进行板级调试及系统级联调工作，参与解决FPGA相关技术问题。

简单来说，FPGA系统开发与测试工程师需要通过FPGA系统的设计对数据进行分发和处理，为硬件开发及产品开发提供支持，支持基于芯片架构的产品及应用开发。不同公司对FPGA系统开发与测试工程师的具体需求也有所不同。FPGA应用广泛，包括图像处理、通信协议设计实现、物联网硬件开发、工业自动控制领域相关设计、嵌入式处理器架构设计、军用电信网络通信设备设计等领域。整体上还是要求工程师能够针对不同领域的实际问题完成硬件部分的设计与验证。该岗位多数公司要求本科及以上学历，专业为集成电路与微电子方向，并拥有2年以上工作经验。不仅要求熟练掌握Verilog HDL设计语言，具备时序分析和设计能力，同时还要求熟练掌握Altera、Xilinx、lattice、安路、紫光中至少一款FPGA的应用，具备设计、编程、仿真、调试能力及相关EDA工具使用能力。

FPGA系统开发与测试工程师的日常工作内容与数字集成电路设计工程师十分相似，首先也要求熟练掌握Verilog HDL设计语言，也同样需要运用Verilog HDL硬件描述语言完成数字系统的设计。FPGA系统开发与测试工程师相对于数字集成电路设计工程师的要求更高，除模块设计外还需要完成系统的整体架构设计。不仅要完成代码编写，还需要有对整体设计方案的把控能力和整个数字系统的板级验证能力。除此之外还要完成系统的整体优化工作，需要协调软件和硬件部分的设计，优化系统的资源和时序，进而提高系统的整体性能。

FPGA系统开发与测试工程师类似于数字集成电路设计工程师的进阶版本，不仅要熟悉整体的设计流程，掌握相关的EDA开发工具。还要解决遇到的实际问题，例如上文提到的图像处理、通信协议设计实现、物联网硬件开发、嵌入式处理器架构设计、军用电信网络通信设备设计等方面的问题。如果说数字集成电路设计工程师是完成各模块的设计工作，那么FPGA系统开发与测试工程师就是面向产品需求给出具体的设计方案。

FPGA系统开发与测试工程师在EDA软件方面的需求，常用的Intel公司的Quartus和Xilinx公司的Vivado这两款软件是必须掌握的。除此之外，国产的紫光也推出了自己的EDA软件和FPGA硬件产品，鉴于国际形势的不稳定，建议FPGA系统开发与测试工程师也能熟悉并掌握紫光的EDA软件。如图6-5所示为紫光的EDA软件视图。

月薪约为15000～50000元，多数需求公司位于北京和深圳、成都、上海、南京和西安也有需求。

FPGA系统开发与测试工程师就业情况较好，发展前景好，可选择的就业城市和公司丰富。值得注意的是多数公司要求拥有2年以上工作经验。

前修课程推荐《数字电路》和《高级数字系统》。

图6-5 紫光EDA软件视图

6.1.3 数字集成电路验证工程师

数字集成电路验证工程师主要负责芯片系统级和模块级验证平台的搭建，负责芯片系统级和模块级验证，协助AE完成模块及系统的问题分析及调试。

简单来说就是负责芯片数字部分的验证工作（包括仿真和上板验证），制定芯片RTL级、模块级和系统级验证方案，对芯片的整体质量负责。具体来说包括能够独立完成寄存器传输级（Register Transfer Level, RTL）仿真和门级时序（带反标）仿真，完成验证执行和Debug，满足Tape Out需求。熟悉通用验证方法学（Universal Verification Methodology, UVM）/开放式验证方法学（Open Verification Methodology, OVM）/验证方法学(Verification Methodology Manual, VMM)验证方法，独立开发验证平台，进行模块级及系统级验证工作。制定芯片测试计划和测试用例，完成代码及功能覆盖率，以及原型验证板及样片的功能和性能验证，并撰写验证报告。

该岗位多数公司要求本科及以上学历，专业为集成电路与微电子专业。要求熟悉IC设计流程和数字电路验证流程，熟悉UVM/VMM/OVM，熟练掌握Verilog或System Verilog/SVA硬件设计验证语言。同时还要求熟练掌握Cadence、Synopsys、Mentor逻辑仿真工具和调试工具，如VCS（Verilog Compiler Simulator）、NCSIM（Native Compiled Simulator）、Verdi等，还要熟悉测试相关脚本语言，能搭建自动化测试平台。部分公司要求有1年以上工作经验。

VCS是编译型Verilog模拟器，广泛支持System Verilog的验证规划、覆盖率分析和收敛以及完整的调试环境。VCS的视图在前文介绍过，如图6-4所示。与VCS一样，Verdi软件也来自于Synopsys公司，是一款自动调试平台，能够给出调试数字电路设计的高级解决方案，可用于提高复杂的SoC(片上系统)、ASIC(专用集成电路设计)和FPGA（现场可编程门阵列）设计效率。验证软件Verdi视图，如图6-6所示。NCSIM与前两个软件不同，该软件来自于Cadence公司。NCSIM同样也是用于数字集成电路的仿真验证软件，可以直观地给出仿真验证的波形图。NCSIM软件视图，如图6-7所示。但是因为NCSIM的操作都是基于Linux系统下的脚本操作，故NCSIM推广和接受性比不上Mentor公司的Modelsim。Modelsim被誉为业界最优秀的HDL语言仿真软件，不仅提供友好的仿真环境，同时还是唯一的单内核支持VHDL和Verilog混合仿真的仿真器，其软件视图见图6-3。

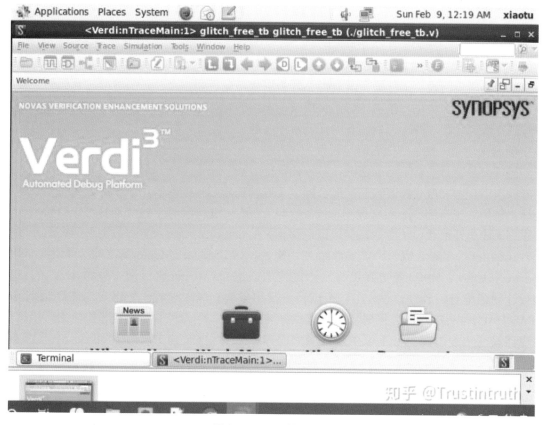

图6-6　Verdi软件视图

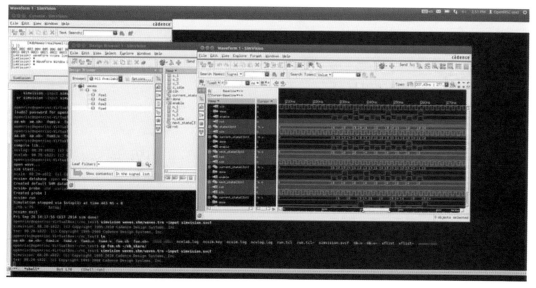

图6-7　NCSIM软件视图

月薪约为20000～40000元，多数需求公司位于北京、上海、深圳和成都，合肥、西安也有需求。

数字集成电路验证工程师就业情况较好，发展前景好，可选择的就业城市和公司丰富，学历要求本科及以上，值得注意的是多数公司要求拥有1年以上工作经验。

前修课程推荐《数字集成电路验证》。

6.1.4 模拟集成电路设计工程师

模拟集成电路设计工程师负责模拟芯片需求规格分析和定义，正确选取芯片架构，根据系统要求将各个模块进行指标分解，负责模拟电路的设计、仿真、验证等工作。指导版图工程师进行版图设计，并进行后仿真验证及版图问题分析定位。配合测试工程师完成模拟电路及IP的测试。完成技术文档的编写。

简单来说就是负责工艺的选取，芯片的功能分析，模拟电路部分的设计与验证工作，并指导版图工程师完成版图的绘制并配合测试工程师完成芯片的测试工作。部分公司要求本科及以上学历，也有部分公司直接要求硕士及以上学历，通常要求1～3年的工作经验。专业要求为集成电路或微电子专业，有模拟电路相关的设计开发经验，参与过完整的产品开发及流片（试生产）、导入流程，能够熟练使用Synopsys/Candence/Mentor等IC设计软件，熟悉Spectre、Hspice、HSIM等仿真工具，熟练使用Cadence/Mentor软件进行模拟IC设计/仿真和设计规则检查。最好对芯片中一个或多个常用模块有深入理解，如PLL、ADC、Driver、OPA、DAC、Bandgap等。同时要求具有良好的英文阅读能力和专业文档写作能力。模拟集成电路设计工程师在日常工作中最常用到的EDA软件是Cadence公司的Virtuoso（图6-8），

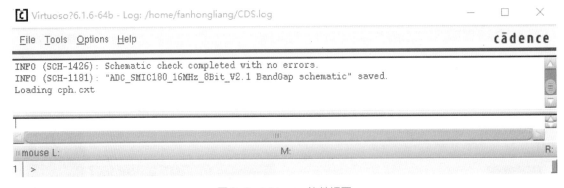

图6-8 Virtuoso软件视图

该EDA工具可以根据不同工艺的工艺库模型提供电路搭建及仿真的环境。模拟集成电路设计工程师可以根据需求将工艺库中的模型在环境中进行调取，搭建和连线生成电路原理图，再通过器件参数调试及仿真验证平台完成整体电路的调试工作。图6-9是模拟电路中经典的Bandgap（带隙基准源）电路。图6-10是该电路的温漂仿真波形图。Hspice是Synopsys公司推出的一款兼容性很强的模拟电路设计与仿真工具，Hspice主要以网表的形式对电路结构进行描述并仿真，也是模拟集成电路设计工程师在日常工作中最常用到的EDA软件之一。Hspice软件视图如图6-11所示。

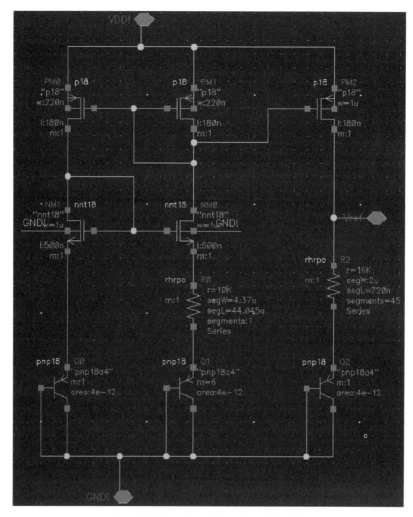

图6-9　Spectre中Bandgap电路图

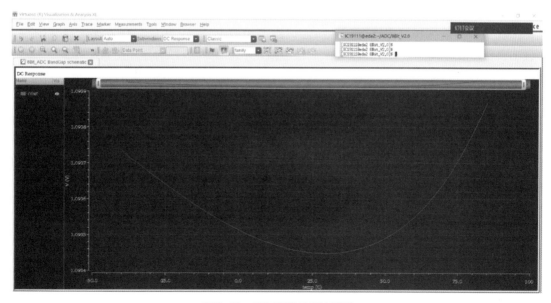

图6-10　温漂系数仿真波形图

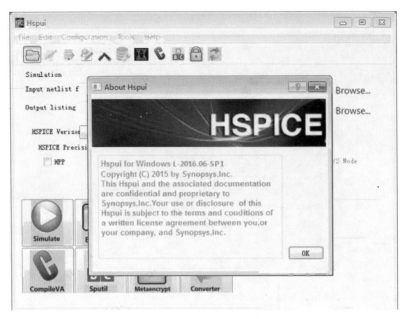

图6-11 Hspice软件视图

月薪约为15000～55000元，部分拥有丰富工作经验的优秀工程师能拿到月薪60000～80000元（每年13～16个月）的待遇。多数需求公司位于北京、上海、深圳、成都、天津和西安。

模拟集成电路设计工程师就业情况较好，发展前景好，可选择的就业城市和公司丰富，学历要求本科及以上，值得注意的是多数公司要求拥有1～3年以上工作经验。

前修课程推荐《模拟电路》《CMOS模拟集成电路设计》和《集成电路版图设计》。

6.1.5 集成电路版图设计工程师

集成电路版图设计工程师要了解模拟集成电路版图的全流程设计，包括布局、布线、验证、流片等。能看懂模拟电路图，并按照电路图做block和top级的版图设计，会使用版图验证工具做设计规则检查（Design Rule Check, DRC），会做版图与原理图对照验证（Layout Versus Schematic, LVS）等。熟悉器件层次，熟悉Bipolar、CMOS、BCD等集成电路工艺。熟练使用Calibre、Virtuoso等版图设计工具。

简单来说就是要求版图设计工程师熟悉工艺器件，能够看懂电路图并根据电路图完成版图的布局布线等设计，再完成物理规则验证及版图和电路图对照验证，最终得到可流片的版图。要求本科及以上学历，有工作经历优先录用。要求专业为集成电路与微电子专业。要求熟练掌握Virtuoso/Calibre等EDA工具的使用。熟悉数模混合信号芯片的版图设计流程，有完整的Floorplan经验。具备较好的半导体器件知识，了解CMOS工艺流程，理解Foundry的设计规则。Virtuoso是Cadence公司推出的一款EDA工具，它不仅兼容Spectre，并且是模拟集成电路版图设计的不二之选，同时它还兼容版图验证功能，是版图设计工程师必须掌握的一款EDA软件，该软件如图6-12所示。Calibre是Mentor公司推出的一款版图验证工具，其主要功能包括DRC、LVS和验证结果环境（Result Verification Environment, RVE）。对于版图设计工程师来说，Calibre与Virtuoso软件同等重要。Calibre软件视图如图6-13所示。

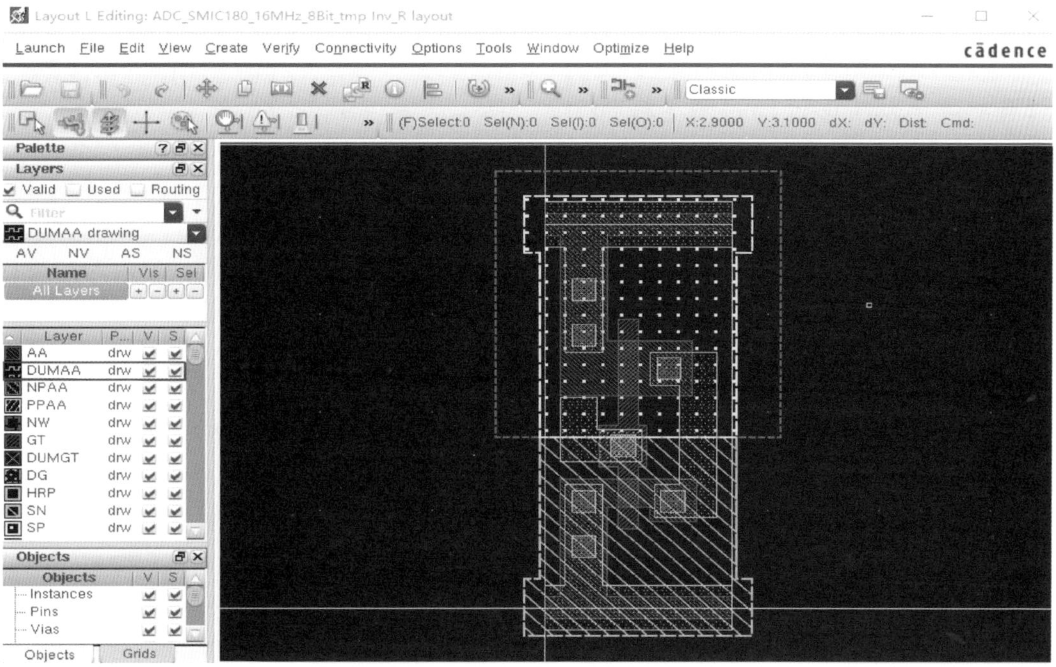

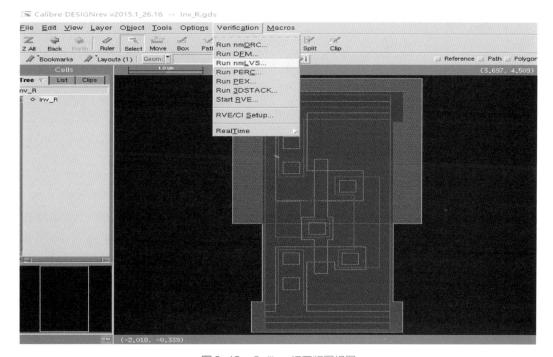

图6-12　Virtuoso版图设计视图

图6-13　Calibre打开版图视图

月薪约为7000～40000元，部分拥有丰富工作经验的优秀工程师能拿到月薪70000元（每年13～16个月）的待遇。多数需求公司位于北京、上海、深圳、成都、天津和西安等。

总的来说，集成电路版图设计工程师就业情况好，可选择的就业城市和公司丰富，学历要求本科及以上，部分公司未要求有工作经验，但有工作经验优先。相较于其他岗位，集成电路版图设计工程师起薪略低，也更容易上手，需求量大，发展前景良好。

前修课程推荐《模拟电路》《CMOS模拟集成电路设计》和《集成电路版图设计》。

6.1.6　片上系统设计与开发工程师

片上系统设计与开发工程师需要根据系统和应用需求完成片上系统（System on Chip，SoC）芯片的架构定义和功能设计，并完成SoC芯片功能模块的集成，包括CPU、总线、外设、模拟IP及通用接口等。完成SoC顶层模块（时钟/复位/电源管理/端子复用）的设计，完成Lint/CDC/功耗分析等前端流程。配合验证工程师和系统工程师等进行相关的验证和调试。配合设计工程师和后端工程师完成芯片实现的全流程。

简单来说片上系统设计与开发工程师即SoC设计工程师，该工程师需要完成片上系统的全流程设计，包括CPU部分（处理器，区分软核和硬核）——负责整体运算与控制，总线部分——负责信息的传输，外设部分——负责外部信息的采集与响应（传感器），模拟IP和通用接口等，还要负责整个系统的时序管理、电源设计、端子复用等工作。多数公司要求学历为硕士研究生及以上，并要求有5年以上工作经验。要求专业为集成电路和微电子专业。要求熟悉数字电路设计，熟练掌握Verilog/System Verilog，熟悉AMBA总线协议及一个或多个高速外设IP，如DDR、USB等。熟悉低功耗设计，以及基于UPF/CPF的低功耗设计流程。熟悉综合SoC、形式验证、DFT、封装、模拟/IO。由于更偏向于应用产品的开发，所以需要片上系统设计与开发工程师具有丰富的设计经验，对上述工作流程比较熟悉，能够发现问题、分析问题并解决问题。

月薪约为25000～70000元。多数需求公司位于北京、上海和深圳。

总的来说，片上系统设计与开发工程师就业情况好，可选择的就业城市和公司多集中于一线城市，学历要求硕士及以上，多数公司要求有5年左右工作经验。

前修课程推荐《数字电路》《高级数字系统》和《片上系统设计与开发》等。

6.1.7　射频集成电路开发工程师

射频集成电路开发工程师负责硬件部产品射频部分的研发工作，包括RF器件评估、原理设计、RF性能调试，EMC/EMI、蓝牙、Wi-Fi、GPS、FM射频性能保证等，测试和提高产品射频部分的性能，支持产品通过FTA、CTA、CE、GCF等相关认证测试，保证整体射频电路设计指标按期实现并满足可靠性和一致性要求，熟悉射频系统及射频电路设计、调试方法，对射频模块及数字通信有深入了解，熟悉网络分析仪、信号源、频谱仪、噪声分析仪等各种射频仪器。

简单来说射频集成电路开发工程师需要负责射频电路仿真、设计、Layout、电路调试、元器件选型，跟踪解决射频相关技术问题，配合完成整机调测，最终编写射频相关设计文件。多数公司要求学历为硕士研究生及以上，部分公司要求有3年以上工作经验。要求专业为通信工程、电路与系统和集成电路工程专业方向。要求精通射频微波天线设计和无源微波器件设计，熟练运用AutoCAD、HFSS、CST等电磁仿真软件，具有独立完成射频微波电路设计、调试能力及相关文档的写作能力。

AutoCAD（Autodesk Computer Aided Design）是Autodesk公司推出的一款EDA软件，主要用于二维绘图和三维绘图，被广泛用于电磁领域设计。AutoCAD视图如图6-14所示。

HFSS（High Frequency Structure Simulator）是 Ansoft 公司推出的一款三维电磁仿真软件，可为天线设计提供全面的仿真功能，精确仿真计算天线的各种性能，包括二维、三维远场/近场辐射方向图、天线增益、轴比、半功率波瓣宽度、内部电磁场分布、天线阻抗、电压驻波比、S 参数等。HFSS 软件视图如图 6-15 所示。CST 是德国 CST 公司推出的一款致力于三维电磁场仿真，并提供电路、热及结构应力协同仿真 EDA 软件。CST 软件视图如图 6-16 所示。

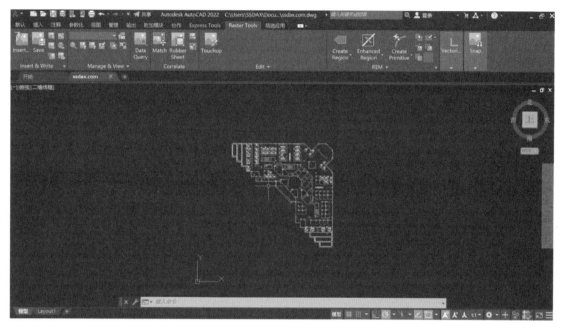

图6-14 AutoCAD 软件视图

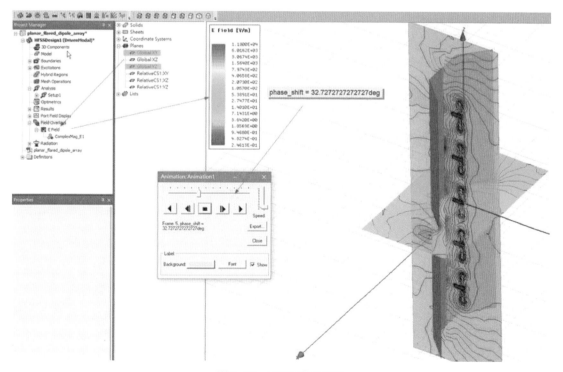

图6-15 HFSS 软件视图

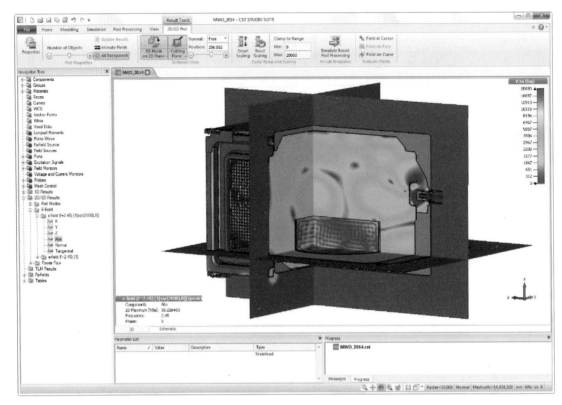

图6-16　CTS软件视图

月薪约为10000～40000元。多数需求公司位于北京、上海、深圳、成都、南京、重庆等城市。

射频集成电路开发工程师就业情况好，可选择的就业城市和公司丰富，学历要求硕士研究生及以上，多数公司要求有3年以上工作经验。

前修课程推荐《模拟电路》《数字电路》《无线通信电磁波传播》《天线》《CMOS射频集成电路》。

6.2　集成电路制造业

本节介绍集成电路制造业中有哪些就业岗位，并详细介绍不同岗位工程师需要掌握的职业技能、学历要求、薪资待遇及多数招聘公司所在的省市，方便读者了解集成电路制造业的就业情况。

6.2.1　薄膜工艺工程师

薄膜工艺工程师负责薄膜设备的日常保养及管理，确保薄膜相关工艺稳定，能够熟练操作机台并处理工艺异常，快速对异常进行定位，提出具体整改措施并按计划完成整改，能够完成薄膜工艺质量文件的编写与完善，具备薄膜相关工艺新产品、新工艺开发和导入的学习能力，经过学习与培训能够独立完成上述工作，不断优化工艺流程，提高产品的产能及质量，降低生产周期，提高产品良率，能够制定工艺规范文件，对技术员、操作员进行技能培训。

学历要求为本科及以上，有工作经验者优先。专业要求微电子、电子科学与技术、材料物理与化学和集成电路设计与集成系统等专业。要求熟悉薄膜相关工艺原理，能够熟练使用蒸镀、溅镀、PECVD、LPCVD、退火炉等相关设备，能够使用膜厚测量仪、厚度测量仪、应力仪等相关测量设备。

月薪约为5000～15000元。需求公司位于厦门、上海、深圳、成都、苏州、湖州、中山、大连、武汉、南京、西安等众多城市。

薄膜工艺工程师就业情况良好，可选择的就业城市和公司丰富，学历要求本科及以上，多数公司要求工作经验1年以上。

前修课程推荐《半导体物理》《半导体制造工艺》。

6.2.2　扩散工艺工程师

扩散工艺工程师负责新产品或制程的设备、材料、工艺技术的开发研究，负责相关产品良率的提升，负责制程异常专案改善，负责产品规格、工艺规程、作业指导书、工艺管理办法的编制和审核，规划产品制程流程并提出改善方案，负责扩散工序控制图的管理，负责制定和编写扩散工序各工艺的操作规范和检验标准、工程实验，负责制程参数实验的制定与修订并且组织相关部门对新开发产品的试制、验证，能协助工厂按计划生产，与质量部门密切合作，分析生产流程冲突，对与工艺有关的问题提供解决方法，及时妥善处理生产现场出现的质量、技术问题。

学历要求为本科及以上，有工作经验者优先。专业要求为微电子、电子科学与技术、物理学、金属材料、高分子材料、材料化学、集成电路设计与集成系统等相关专业。要求熟悉扩散、离子注入、化学气相沉积制程、工艺。具备实验设计和数据分析能力。

月薪约为7000～20000元。需求公司位于上海、北京、广州、青岛、济南、上饶等多个城市。扩散工艺工程师就业情况良好，可选择的就业城市和公司丰富，学历要求本科及以上，多数公司要求3年以上工作经验。

前修课程推荐《半导体物理》《半导体制造工艺》。

6.2.3　光刻工艺工程师

光刻工艺工程师负责涂胶、干法刻蚀、干/湿法去胶、清洗工艺的开发，负责各个工艺制程异常分析、改善，负责设计工程实验及安排执行，负责减少工艺缺陷，提升产品良品率，负责制定规范文件、工艺质量文件的编写与完善，对相关技术操作人员进行培训，强化其专业技能，完成新工艺、新材料、新设备的评估、引进工作。

学历要求为本科及以上，有工作经验者优先。专业要求为微电子、电子科学与技术、集成电路设计与集成系统等相关专业。要求熟悉光刻机应用，熟悉光刻机的工艺参数制定与需求开发。

月薪约为5000～25000元。需求公司位于上海、北京、深圳、厦门、杭州、上饶等多个城市。

光刻工艺工程师就业情况良好，可选择的就业城市和公司丰富，学历要求本科及以上，多数公司要求1年以上工作经验。

前修课程推荐《半导体物理》《半导体制造工艺》。

6.2.4　刻蚀工艺工程师

刻蚀工艺工程师负责刻蚀工艺开发及流程制定，负责刻蚀工艺耗材选型与研究，规划产品制程流程并提出改善方案，负责刻蚀工艺开发，刻蚀设备的选型、评估以及导入工作，负责刻蚀设备的日常管理工作。

学历要求为本科及以上，多数公司要求有3年以上工作经验。专业要求为微电子、电子科学与技术、物理学、材料化学类、集成电路设计与集成系统等相关专业。要求熟练掌握ALD、磁控溅射、光刻等微电子器件加工工艺。熟练掌握半导体工艺流程，如光刻、刻蚀、金属、薄膜等。

月薪约为8000～25000元。需求公司位于上海、北京、苏州、长沙、合肥等多个城市。

刻蚀工艺工程师就业情况良好，可选择的就业城市和公司丰富，学历要求本科及以上，多数公司要求3年以上工作经验。

前修课程推荐《半导体物理》《半导体制造工艺》。

6.2.5　工艺整合工程师

工艺整合工程师负责器件工艺制程管理和控制、产品整合集成、工程流片归档总结，以及相关异常分析和处理（WAT/CP等）。负责协助研发端，完成工艺和设计方案优化，提高产品性能及良率，负责协助完成产品定型和定型后的维护工作。

学历要求为本科及以上，多数公司要求有3年以上工作经验。专业要求为微电子、光电子、半导体材料、材料化学、集成电路设计与集成系统等相关专业。要求熟悉制程原理及制造工艺。部分岗位需要有碳化硅FAB或LAB工作经验，碳化硅二极管或MOSFET开发导入经验。

月薪约为7000～25000元。需求公司位于芜湖、厦门、上海、北京等多个城市。

工艺整合工程师就业情况一般，可选择的就业城市和公司有限，学历要求本科及以上，部分公司要求3年以上工作经验。

前修课程推荐《半导体物理》《半导体制造工艺》。

6.3　集成电路封装测试业

本节介绍集成电路封装测试业有哪些就业岗位，并详细介绍不同岗位的工程师需要掌握的职业技能、学历要求、薪资待遇及多数招聘公司所在的省市，方便读者了解集成电路封装测试业的就业情况。

6.3.1　封装材料工程师

封装材料工程师负责芯片封装相关新材料的评估，并跟进后续的量产导入，负责芯片封装相关新材料的可靠性试验的设计及后续试验的开展，负责新产品的设计，并按照体系要求进行新产品的导入工作，负责协助完成芯片封装方面异常的分析及相关体系文件的编制。

学历要求为硕士及以上。专业为微电子和集成电路设计与集成系统专业方向。要求熟悉封装材料（陶瓷、氮化铝、碳化硅等无机非金属基材，环氧树脂、硅胶等封装胶水）的力学及热学应用，熟悉不同性质材料结合后的相互力的作用关系，熟悉胶水的内应力分布。

月薪约为8000～13000元。需求公司位于北京、上海、深圳、成都等多个城市。

薄膜工艺工程师就业情况良好，可选择的就业城市和公司丰富，学历要求本科及以上，多数公司要求3年以上工作经验。

前修课程推荐《半导体材料》《集成电路封装与测试》。

6.3.2 制成PE工程师

制成PE工程师负责微小化封装新专案制程评估和导入，微小化封装制程不良的分析和解决，工程治具的设计和改善，负责微小化封装制程参数的设计和改善，微小化封装制程良率的提升。

学历要求为本科及以上。专业为微电子和集成电路设计与集成系统等专业。要求了解半导体封装行业发展，具备清晰的逻辑思维，具备较好的封装基础知识。

月薪约为7000～11000元。需求公司位于厦门、上海、深圳、苏州等多个城市。

制成PE工程师就业情况良好，可选择的就业城市和公司丰富，学历要求本科及以上，多数公司要求1年以上工作经验。

前修课程推荐《半导体材料》《集成电路封装与测试》。

6.3.3 测试PTE工程师

测试PTE工程师负责根据产品需要开发测试FT/CP程序和方案，开发验证测试程序，负责协助测试经理制定芯片量产测试方案，与厂商合作制作和维护测试硬件（ProbeCard、Socket、Load Board）等。负责测试程序版本管理及量产情况跟踪，负责解决生产过程中出现的问题，对测试数据进行分析，优化测试效率，对测试中发现的异常进行分析和定位，解决测试中异常问题。负责测试类工艺及仪器、工具等SOP和作业流程的制定。

学历要求为本科及以上，多数公司要求有2年以上工作经验。专业要求为微电子和集成电路设计与集成系统专业方向。要求熟悉ATE、PTE等芯片测试设备，部分岗位要求有GaN功率器件测试经验。

月薪约为8000～13000元。需求公司位于北京、上海、深圳、苏州等多个城市。

测试PTE工程师就业情况良好，可选择的就业城市和公司丰富，学历要求本科及以上，多数公司要求有2年以上工作经验。

前修课程推荐《集成电路的可测性设计》《集成电路封装与测试》。

6.3.4 质量工程师

质量工程师要求熟悉半导体行业测试现场质量管理，有晶圆厂或者半导体行业封测经验。学历要求本科及以上，多数公司要求有3年以上工作经验。专业要求为微电子和集成电路设计与集成系统专业方向，要求熟悉五大工具、VDA等工具。要求善于交流与沟通，有协调各职能部门完成、改进项目工作的经验。

月薪约为6000～15000元。需求公司位于西安、天津、合肥、上海等多个城市。

质量工程师就业情况一般，可选择的就业城市和公司丰富，学历要求本科及以上，多数公司要求3年以上工作经验。

前修课程推荐《半导体制造工艺》《半导体器件》《集成电路封装与测试》。

6.3.5 封装工艺工程师

封装工艺工程师需要参与新工艺技术攻关、新技术开发、旧技术改造、新材料验证等工作，进行专题工艺技术攻关，以提高工序产能和产品可靠性。需要进行工艺跟产，包括完成工艺图纸、工艺方案、操作规范、作业指导书等工艺文件的编制工作；根据生产进程需要，及时进行工艺参数的固化，负责对现场作业人员进行相关工艺技术培训；深入生产现场，对生产过程予以技术指导，及时解决生产过程中出现的技术问题；对现场生产的质量进行巡检，避免发生工艺质量事故。

学历要求为本科及以上，多数公司要求有1～3年以上工作经验。专业要求为微电子和集成电路设计与集成系统专业方向。要求具有一定材料基础，具有封装工艺经验，如烧结、键合及密封的工艺经验，熟悉相关工艺设备的操作，例如自动铝丝/金丝键合机、平行缝焊设备等。要求掌握ANSYS、Solidworks及Auto CAD等EDA软件。

月薪约为13000～20000元。北京、上海、深圳、苏州、杭州等城市具有招聘需求公司。

封装工艺工程师就业情况一般，可选择的就业城市较少，学历要求本科及以上，公司要求1～3年以上工作经验。

前修课程推荐《半导体制造工艺》《集成电路封装与测试》。

6.3.6 测试工程师

测试工程师需要制定测试（CP/FT）方案，与设计工程师一起制定测试Spec（规格）、TestFlow（测试流程）。测试相关硬件的设计与制作：socket（测试座/芯片测试夹具）、Loadboard（测试负载板）、Probecard（晶圆探针卡）等。测试程序开发：晶圆测试环节（CP）、成品测试环节（FT）等测试程序开发、调试。工程阶段测试数据收集、分析，与设计进行交叉验证等工作。量产测试优化、维护：完善测试方法，提高测试覆盖率，提高测试效率，改进测试方案，降低测试成本。

学历要求为本科及以上，多数公司要求有2年以上工作经验。专业要求为微电子和集成电路设计与集成系统专业方向。要求具有ATE程序开发经验，理解数字、模拟、射频芯片测试理论，最好有射频项目开发经验。熟悉ATE测试开发流程，了解ATE测试设备原理。熟悉C、C++、VB、Perl等编程语言，熟悉PCB绘图工具的使用，有实际项目开发经验的优先录取。

月薪约为18000～40000元。需求公司位于北京、上海、深圳、广州、成都等多个城市。

测试工程师就业情况好，发展前景好，可选择的就业城市丰富，学历要求本科及以上，多数公司要求2年以上工作经验。

前修课程推荐《集成电路可测性设计》《集成电路封装与测试》。

参考文献

中国半导体行业协会. 2021年中国集成电路产业运行情况[EB/OL]. http://www.csia.net.cn/Article/ ShowInfo. asp?InfoID =107455.

习题

1. 数字集成电路设计工程师需要掌握哪些技能？

2. 数字集成电路设计工程师需要掌握哪些EDA软件？

3. 集成电路验证工程师需要掌握哪些编程语言？

4. 举例说明模拟集成电路设计工程师常用到的模拟电路（至少三种）。

5. 举例说明模拟集成电路设计工程师需要掌握的EDA软件（至少三种）。

6. 举例说明集成电路版图设计工程师的工作流程。

7. 综述并分析集成电路行业的就业前景及发展趋势。

第 7 章

集成电路工程师专业素养

▶▶ 思维导图

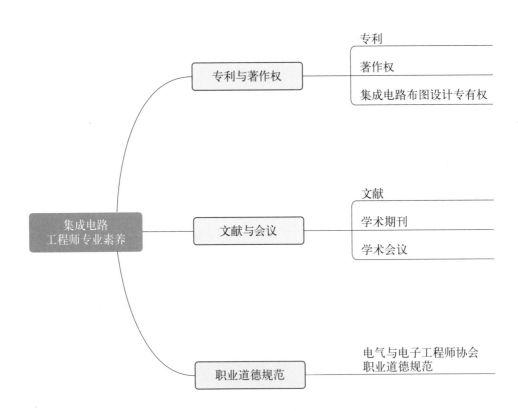

7.1.1 专利

专利是专利权的简称。它是国家按专利法授予申请人在一定时间内对其发明创造成果所享有的独占、使用和处分的权利。它是一种财产权，是运用法律保护手段，独占现有市场，抢占潜在市场的有力武器。申请专利既可以保护自己的发明成果，防止科研成果流失，同时也有利于科技进步和经济发展。人们可以通过申请专利的方式占据新技术及其产品的市场空间，获得相应的经济利益（如通过生产销售专利产品，转让专利技术，专利入股等方式获利）。

■ （1）专利的特性

专利具有独占性、时间性和地域性。

独占性：专利所具有的市场全部归专利权所有人所有，没有专利权所有人的允许，任何人都不得侵占。

时间性：发明成果只在专利保护期限内受到法律保护，期限届满或专利权中途丧失，任何人都可无偿使用（发明专利保护期限：20年；实用新型专利保护期限：10年；外观设计专利保护期限：10年）。

地域性：一项发明在哪个国家获得专利，就在哪个国家受到法律保护，别国则不予保护。

■ （2）专利的种类

在我国专利包括：发明专利、实用新型专利和外观设计专利。

发明专利：技术含量最高，发明人所花费的创造性劳动最多，新产品及其制造方法、使用方法都可申请发明专利。

实用新型专利：只要有一些技术改进就可以申请实用新型专利。只有涉及产品构造、形状或其结合时，才可申请实用新型专利。

外观设计专利：只要涉及产品的形状、图案或者其结合以及色彩与形状、图案的结合富有美感，并适于工业上应用的新设计，就可申请外观设计专利。

■ （3）专利先申请原则

在我国，审批专利采用先申请原则，即两个以上的申请人向专利局提出同样的专利申请，专利权授予最先申请专利的个人或单位。因此申请人应及时将其发明申请专利，以防他人抢先申请。由于申请专利的技术需具有新颖性，因此发明人有了技术成果之后，应先申请专利，再发表论文，以免因过早公开技术而丧失申请专利的机会。

■ （4）专利的职务发明和非职务发明

职务发明：职务发明的专利权归单位所有，例如技术成果是单位课题组承担的科研项目。

非职务发明：发明是没有利用单位物质条件（如设备、资金、未公开技术资料等）的情况下完成的，发明内容也与他本职工作及单位指派的科研任务无关。非职务发明的专利权归个人所有。

■ （5）专利侵权及其法律责任

专利侵权是指未经专利权人许可实施其专利（即以生产经营为目的制造、使用、销售、许诺销售、进口其专利产品或依照其专利方法直接获得产品）的行为。专利侵权人应承担的法律责任包括：停止侵权；公开道歉；赔偿损失。

■ （6）专利申请途径

直接到国家知识产权局申请专利或通过挂号邮寄申请文件方式申请专利（专利申请文件有：请求书，权利要求书，说明书，说明书附图，说明书摘要，摘要附图）。

委托专利代理人代办专利申请，采用这种方式，专利申请质量较高，可以避免因申请文件撰写质量问题而延误审查和授权。

■ （7）专利代理

当发明创造人不能按照专利局的规定办理专利申请等各种专利事项时，可以委托专利代理机构办理有关事项。专利代理顾名思义是指由他人代为把当事人的创造发明向专利局申请专利或代为办理当事人其他专利事务。专利代理是一种委托代理，它是指专利代理机构受一方当事人的委托，委派具有专利代理人资格的在专利局正式的专利代理机构中工作的人员，作为委托代理人，在委托权限内，以委托人的名义，按照专利法的规定向专利局办理专利申请或其他专利事务所进行的民事法律行为。专利代理人资格是经特定考核后取得的，任何其他机构和个人无权接受委托，不能从事专利代理工作。

专利代理机构可以：承办专利咨询；代写专利申请文件；办理专利申请；请求实质审查或者复审有关事务；请求撤销专利权、宣告专利权无效等有关事务；办理专利权的转让、解决专利申请权、专利权归属纠纷等事务。

■ （8）专利申请实例

下面介绍一个专利申请的完整流程，以供大家在申请专利时参考借鉴。该专利是通过专利代理公司来申请的，这样可节约专利发明人的时间和精力。

① 专利申请前准备工作　在申请专利之前，专利发明人一般要填写两个表格，一个是知识产权申报表，另一个是知识产权技术交底书。

知识产权申报表主要是给出知识产权的名称、权属、专利类型、发明人、申请单位。另外，还要指出专利申请是否符合新颖性、创造性或实用性。列出所申请专利的创新点和市场前景。一般来说，专利申请人还需要自行查阅是否有相似的研究成果，如果有的话，需要指出本专利与已有成果间的区别。知识产权申报表样例如表7-1所示。

表7-1　知识产权申报表样表

知识产权名称：
权属：职务专利□ 非职务专利□
专利类型：发明专利□ 实用新型专利□ 外观设计专利□
发明人（作者）：
第一发明人身份证号：

专利申请符合以下哪些条件（可选择多项√）

□新颖性，没有同样的发明创造在国内外出版物上公开发表过、在国内公开使用过或者以其他方式为公众所知，也没有同样的发明创造由他人向国家专利局提出过专利申请。

□创造性，同以前已有的技术相比，该发明创造有实质性的特点和显著的进步。

□实用性，该发明创造能够制造或者使用，并且能够产生积极效果。

查新检索情况（请如实选择√）：

1. 查新检索方式：检索机构查新（　　　）、通过网络自行查新（　　　）

2. 查新范围：中国专利（　　　）国外刊物（　　　）国内刊物（　　　）国外专利（国家或地区：　　　　　　　）

注：查新检索的要求、范围和网址请参阅表后附件。

请列出2篇以上本领域已有技术的对比文献（说明文献或专利名称、刊源及登载时间、文献所载技术所存在的不足）

（纸面不敷，可另增页）

请列出3条以上申请技术的创新点：

本技术的应用和市场前景，产业化所需投资（万元）

　　知识产权技术交底书主要是指出本专利的应用领域、背景技术、技术内容和引证资料等。其中，应用领域主要介绍本专利已知或潜在的应用领域及应用方式。背景技术主要介绍查新检索情况，描述与本专利相近的已有技术的特征，已有技术存在的缺陷等。技术内容需要详细介绍本发明的技术方案以及本发明相对于已有技术所具备的优点和有益效果。知识产权技术交底书样例如表7-2所示。

表7-2　知识产权技术交底书样表

一、发明创造名称	
二、专利类别	
三、技术联系人	
四、应用领域	
请列举本发明创造已知和潜在的技术/产品应用领域及其应用方式	
五、背景技术	
1. 查新检索情况 （请技术人员在提供交底材料前进行专利查新检索） （技术人员可通过专业检索机构进行检索，也可通过网络搜索引擎进行检索或到国家知识产权局网站进行检索）	
2. 描述据申请人所知的与本发明创造最接近的已有技术的技术特征 （从具体的技术角度描述，而不是简单地进行功能说明）	
3. 已有技术存在的缺陷或问题 （即本发明创造所要解决的技术问题）	

六、本发明创造的技术内容	
1. 附图 ① 机械产品请提供CAD的立体组装图、爆炸图，必要时提供剖视图、核心部分的局部放大图等； ② 对于电子产品，请提供功能结构框图（模块图）、电路原理图、电路图等； ③ 对于软件方法，请提供软件流程图。	
2. 技术方案 应结合附图清楚、完整地描述本发明创造为解决前述技术问题所采用的技术方案： ① 机械产品，应描述机械结构组成及连接/组装关系、工作原理及工作方式； ② 电子产品，应描述电路结构组成、电路原理、工作方式及过程； ③ 软件方法，应详细描述软件各执行步骤的实现方式及实现过程。	
3. 有益效果 （即与已有技术进行对比，本发明创造具有的优点及积极效果，应着重描述由本发明创造的不同于已有技术的技术特征所直接产生的有益效果）	
七、引证资料	
请提供与本发明创造密切相关的参考资料（如：专利申请、论文、报告等）	

② 代理公司承办专利申请　在完成知识产权申报表和知识产权技术交底书的撰写后，就可以提交给专利代理公司。代理公司会根据技术交底书来撰写专利说明书和权利要求书。其中，技术说明书主要包括专利涉及的技术领域、背景技术以及本专利的发明内容。另外，技术说明书一般还包含专利摘要和相关的附图。权利要求书主要是根据所申请的专利来确认相应的权利保护范围。权利要求书里面会有一些专有的法律术语以及固定的公文形式，因此一般交由专利代理公司来撰写。

代理公司完成专利说明书和权利要求书后会交由专利申请人进行审核，由专利申请人提出修改意见。待双方都达成一致后可由专利代理公司将专利申请文件上交给专利局申请专利。这种委托专利代理人代办专利申请的方式，申请质量较高，可以避免因申请文件撰写质量问题而延误审查和授权。

一般来说，发明专利和实用新型专利申请所需的材料略有不同。发明专利申请必需材料包括：发明专利请求书、说明书摘要、权利要求书、说明书、实质审查请求书。此外，涉及附图的，要增加说明书附图和摘要附图；涉及遗传资源的，要增加《遗传资源来源登记表》；涉及氨基酸或者核苷酸序列的，要增加序列表及其计算机可读形式载体；涉及微生物的，要提交生物材料样品的保藏及存活证明。

实用新型专利申请必需材料包括：实用新型专利请求书、说明书摘要、摘要附图、权利要求书、说明书、说明书附图。附图必须是用黑色线条表示的图（渲染图、实物照片等都不可以）。

③ 专利受理和授权　专利局接收到形式合格的申请文件后，即下发受理通知书，以及缴纳申请费通知书，申请人根据缴纳申请费通知书中的指导进行申请相关费用缴纳，缴纳方式有多种：面交、网银、邮局汇款等。这一步通常也是由代理公司代为办理。专利局没有收到申请相关费用，是不会启动审查程序的，而是否已经收到费用，专利局也不会通知申请人，代理公司缴费以后会在专利局的网站上查询缴费是否成功。如果个人自行缴费的，应及时到相关网站上进行查询。

缴费成功以后，接下来专利局会启动审查程序，不同的专利类型审查程序不同。发明专利申请的审批程序分为受理、初审、公布、实质审查和授权五个阶段：

a. 受理阶段。专利局收到专利申请后进行审查，如果符合受理条件，专利局将确定申请日，给予申请号，并且核实过文件清单后，发出受理通知书，通知申请人。如果申请文件未打字、印刷或字迹不清、有涂改的；或者附图及图片未用绘图工具和黑色墨水绘制、照片模糊不清有涂改的；或者申请文件不齐备的；或者请求书中缺申请人姓名或名称及地址不详的；或专利申请类别不明确或无法确定的，以及外国单位和个人未经涉外专利代理机构直接寄来的专利申请不予受理。

b. 初步审查阶段。经受理后的专利申请按照规定缴纳申请费的，自动进入初审阶段。初审前发明专利申请首先要进行保密审查，需要保密的，按保密程序处理。在初审时要对申请是否存在明显缺陷进行审查，主要包括审查内容是否属于《中华人民共和国专利法》中不授予专利权的范围，是否明显缺乏技术内容不能构成技术方案，是否缺乏单一性，申请文件是否齐备及格式是否符合要求。若是外国申请人还要进行资格审查及申请手续审查。不合格的，专利局将通知申请人在规定的期限内补正或陈述意见，逾期不答复的，申请将被视为撤回。经答复仍未消除缺陷的，予以驳回。发明专利申请初审合格的，将发给申请人初审合格通知书。

c. 公布阶段。发明专利申请从发出初审合格通知书起进入公布阶段，如果申请人没有提出提前公开的请求，要等到申请日起满18个月才进入公开准备程序。如果申请人请求提前公开的，则申请立即进入公开准备程序。经过格式复核、编辑校对、计算机处理、排版印刷，大约3个月后在专利公报上公布其说明书摘要并出版说明书单行本。申请公布以后，申请人就获得了临时保护的权利。

d. 实质审查阶段。发明专利申请公布以后，如果申请人已经提出实质审查请求并已生效的，申请人进入实审程序。如果申请人从申请日起满三年还未提出实审请求，或者实审请求未生效的，申请既被视为撤回。

在实审期间将对专利申请是否具有新颖性、创造性、实用性以及专利法规定的其他实质性条件进行全面审查。经审查认为不符合授权条件的或者存在各种缺陷的，将通知申请人在规定的时间内陈述意见或进行修改，逾期不答复的，申请被视为撤回，经多次答复申请仍不符合要求的，予以驳回。实审周期较长，若从申请日起两年内尚未授权，从第三年应当每年缴纳申请维持费，逾期不缴的，申请将被视为撤回。

实质审查中未发现驳回理由的，将按规定进入授权程序。

e. 授权阶段。发明专利申请经实质审查未发现驳回理由的，由审查员做出授权通知，申请进入授权登记准备，经对授权文本的法律效力和完整性进行复核，对专利申请的著录项目进行校对、修改后，专利局发出授权通知书和办理登记手续通知书，申请人接到通知书后应当在2个月之内按照通知的要求办理登记手续并缴纳规定的费用，按期办理登记手续的，专利局将授予专利权，颁发专利证书，在专利登记簿上记录，并在2个月后于专利公报上公告，未按规定办理登记手续的，视为放弃取得专利权的权利。

而实用新型和外观设计专利申请的审批程序相对于发明专利来说要相对简单，周期要短，主要分为受理、审查和授权三个阶段。其中受理和授权阶段与发明专利的程序基本相同。审查阶段除了进行与发明专利类似的初审外，还要审查是否明显与已有专利相同，不是一个新的技术方案或者新的设计，经初审未发现驳回理由的，将直接进入授权程序。

发明、实用新型和外观设计专利的申请、审查流程如图7-1所示。发明专利证书和实用新型专利证书分别如图7-2和图7-3所示。

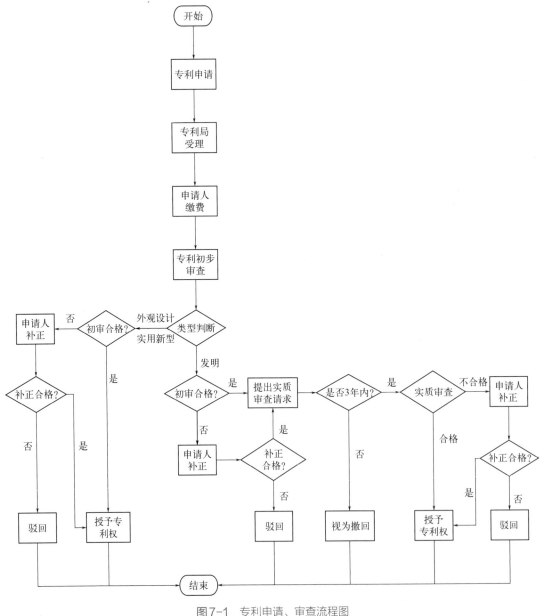

图7-1 专利申请、审查流程图

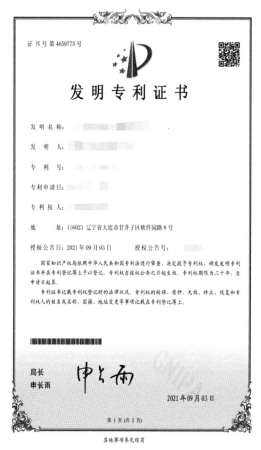

图7-2　发明专利证书

图7-3　实用新型专利证书

7.1.2　著作权

■ （1）著作权的主客体

　　著作权是指自然人、法人或者其他组织对文学、艺术和科学作品享有的财产权利和精神权利的总称。在我国，著作权即指版权。

　　著作权的主体（著作权人）是指依照著作权法，对文学、艺术和科学作品享有著作权的自然人、法人或者其他组织。作者在通常语境下指创作作品的自然人，侧重于身份，但作者并非在任何时候都可以成为著作权的主体。法律意义上的作者是依照著作权法规定可以享有著作权的主体。

　　著作权的客体是作品，作品是指文学、艺术和科学领域内具有独创性并能以一定形式表现的智力成果。法律意义上的作品具有以下条件：

　　① 独创性　首先，独创性中的"独"并非指独一无二，而是指作品系作者独立完成，而非抄袭。假设两件作品先后由不同的作者独立完成，即使他们恰好相同或者实质性相似，均可各自产生著作权。典型如摄影作品，两名摄影师可能先后对同一景点进行拍摄，角度、取景等内容基本一致，但在后拍摄者并未看到过在先拍摄者的作品，系自己独立拍摄，后者同样可以对其摄影作品享有著作权。其次，独创性必须满足一定的创造性，体现一定的智力水平和作者的个性化表达。创造性不同于艺术水准，无论是画家还是普通孩童，只要其绘画能

够独立按照自己的安排、设计，独特地表现出自己真实情感、思想、观点，都能够成为作品。

② 以有形形式表达　著作权法保护的是思想的表达而非思想本身，作品应当是智力成果的表达，可供人感知并可以一定形式表现出来。思想是抽象的、无形的，不受法律保护，仅当思想以一定形式得以表现之后，方能够被他人感知，才能成为受法律保护的作品。

■ （2）计算机软件著作权的主客体及内容

著作权中与集成专业相关度较大的是计算机软件著作权。计算机软件著作权是指自然人、法人或者其他组织对计算机软件作品享有的财产权利和精神权利的总称。通常语境下，计算机软件著作权又被简称为软件著作权、计算机软著或者软著。

计算机软件著作权与一般作品著作权有许多不同，如一般作品著作权人被称为作者，一般是自然人，计算机软件著作权人被称为开发者，一般为法人或其他组织；对著作权的归属、转让等有不同于普通作品的特殊规定。

软件著作权人，是指依照法律的规定，对软件享有著作权的自然人、法人或者其他组织。通常，软件的开发者是软件著作权人，具体指实际组织开发、直接进行开发，并对开发完成的软件承担责任的法人或者其他组织；或者依靠自己具有的条件独立完成软件开发，并对软件承担责任的自然人。

计算机软件著作权的客体是计算机软件，指计算机程序及其有关文档。计算机程序，是指为了得到某种结果而可以由计算机等具有信息处理能力的装置执行的代码化指令序列，或者可以被自动转换成代码化指令序列的符号化指令序列或者符号化语句序列。同一计算机程序的源程序和目标程序为同一作品。文档，是指用来描述程序的内容、组成、设计、功能规格、开发情况、测试结果及使用方法的文字资料和图表等，如程序设计说明书、流程图、用户手册等。

计算机软件著作权的内容是指软件著作权人依照法律享有的专有权利的总和，根据我国《计算机软件保护条例》的规定，软件著作权人享有下列各项权利：①发表权，即决定软件是否公之于众的权利；②署名权，即表明开发者身份，在软件上署名的权利；③修改权，即对软件进行增补、删节，或者改变指令、语句顺序的权利；④复制权，即将软件制作一份或者多份的权利；⑤发行权，即以出售或者赠与方式向公众提供软件的原件或者复制件的权利；⑥出租权，即有偿许可他人临时使用软件的权利，但是软件不是出租的主要标的的除外；⑦信息网络传播权，即以有线或者无线方式向公众提供软件，使公众可以在其个人选定的时间和地点获得软件的权利；⑧翻译权，即将原软件从一种自然语言文字转换成另一种自然语言文字的权利；⑨应当由软件著作权人享有的其他权利。

■ （3）计算机软件著作权申请实例

申请人可以自己办理计算机软件著作权登记，也可以委托代理机构办理登记。办理流程大体分为五步：填写申请表，提交申请文件，登记机构受理申请，审查，取得登记证书。

① 填写申请表　中国版权保护中心是国家版权局认定的唯一的软件登记机构，负责全国计算机软件著作权登记的具体工作。在中国版权保护中心网站上，首先进行用户注册，然后用户登录，在线按要求填写申请表后，确认、提交并在线打印。

② 提交申请文件　申请人或代理人按照要求提交纸质登记申请文件。软件著作权登记申请文件应当包括：软件著作权登记申请表、软件的鉴别材料、申请人身份证明、联系人身

份证明和相关的证明文件各一式一份。如在登记大厅现场办理的，还需出示办理人身份证明原件，否则将不予办理。

其中，软件（程序、文档）的鉴别材料分为一般交存和例外交存。

一般交存：源程序和文档应提交前、后各连续30页，不足60页的，应当全部提交；

例外交存：按照《计算机软件著作权登记办法》第十二条规定的方式之一提交软件的鉴别材料。

注意：申请人若在源程序和文档页眉上标注了所申请软件的名称和版本号，应当与申请表中相应内容完全一致，右上角应标注页码，源程序每页不少于50行，最后一页应是程序的结束页，文档每页不少于30行，有图除外。

③ 登记机构受理申请　申请文件符合受理要求的，登记机构在规定的期限内予以受理，并向申请人或代理人发出受理通知书；不符合受理要求的，发放补正通知书。根据计算机软件登记办法规定，申请文件存在缺陷的，申请人或代理人应根据补正通知书要求，在30个工作日内提交补正材料，逾期未补正的，视为撤回申请；符合《计算机软件著作权登记办法》第二十一条有关规定的，登记机构将不予登记并书面通知申请人或代理人。

④ 审查　经审查符合《计算机软件保护条例》和《计算机软件著作权登记办法》规定的，予以登记；不符合规定的，发放补正通知书。根据《计算机软件登记办法》规定，申请文件存在缺陷的，申请人或代理人应根据补正通知书要求，在30个工作日内提交补正材料，逾期未补正的，视为撤回申请；符合《计算机软件著作权登记办法》第二十一条有关规定的，登记机构将不予登记并书面通知申请人或代理人。

⑤ 获得登记证书　申请受理之日起30个工作日后，申请人或代理人可登录中国版权保护中心网站，查阅软件著作权登记公告。北京地区的申请人或代理人在查阅到所申请软件的登记公告后，可持受理通知书原件在该软件登记公告发布3个工作日后，到中国版权保护中心版权登记大厅领取证书。申请人或代理人的联系地址是外地的，中国版权保护中心将按照申请表中所填写的地址邮寄证书，务必在申请表中填写正确的联系地址。计算机软件著作权申请流程如图7-4所示，计算机软件著作权登记证书样例如图7-5所示。

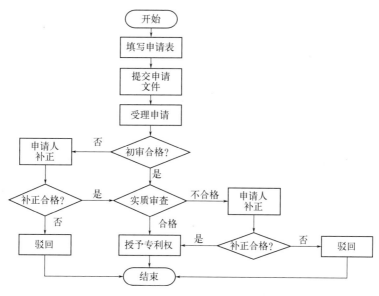

图7-4　计算机软件著作权申请流程

图7-5　计算机软件著作权登记证书样例

7.1.3　集成电路布图设计专有权

■　（1）集成电路布图设计专有权的由来

对于集成电路芯片而言，布图设计是整个芯片的模板，更是整个芯片的灵魂，布图设计的创新程度将决定了整个集成电路产业的发展。布图设计作为人类智力劳动的成果，具有知识产权客体的许多共性特征，应当成为知识产权法保护的对象，但由于集成电路布图设计的特殊性，著作权法和专利法对集成电路布图设计都无法给予有效的保护，世界上许多国家通过单行立法，给予集成电路布图设计专有权保护。

美国最先于1984年通过了《半导体芯片保护法》，随后日本、瑞典、英国、德国、荷兰等国家相继出台了保护集成电路布图设计的法案。随着各国对集成电路布图设计必须专门立法的特殊保护达成共识，世界知识产权组织于1989年通过了《关于集成电路的知识产权条约》，即《华盛顿条约》。世界贸易组织也拟定了《与贸易有关的知识产权协定》（TRIPS协定），并于1996年正式生效。2001年，中国颁布实施《集成电路布图设计保护条例》和《集成电路布图设计保护条例实施细则》，赋予集成电路布图设计专有权保护。

■　（2）集成电路布图设计专有权的特征

集成电路布图设计专有权是根据《集成电路布图设计保护条例》对具有独创性的集成电路布图设计进行保护的一种知识产权，是权利持有人对其布图设计进行复制和商业利用的专有权利。它与专利权、著作权等一样，是知识产权的分支。布图设计权的主体是指依法能够取得布图设计专有权的人，通常称为专有权人或权利持有人。

集成电路布图设计专有权既不同于版权，又不同于专利或商标，但其保护制度既具有部分版权保护的特征，又具有部分工业产权，特别是专利权保护的特征。集成电路布图设计专有权与著作权、发明专利权保护的异同可见表7-3。

表7-3 集成电路布图设计专有权与著作权、发明专利的比较

比较项	著作权	集成电路布图设计	发明专利
受保护的条件	独创性	独创性；非公认的常规性	新颖性、创造性和实用性
申请登记制	无须登记，自动产生	必须登记	必须申请
保护期限	署名权、修改权、保护作品完整权无期限；公民的作品发表权及财产权为终生之年加死后50年	10年，自登记申请或首次投入商业利用之日，以较前者为准；创作完成15年后，不受条例保护	20年，自申请日计算
何为侵权	未经许可发表、复制、发行、通过信息网络传播等	未经许可复制；为商业目的进口、销售或其他方式提供受保护的布图设计、集成电路及物品	未经许可实施专利，即以生产经营为目的的制造、使用、许诺销售、销售、进口等
反向工程	没有规定	允许	不允许
无过错原则	不能证明其发行、出租的复制品有合法来源的，应当承担法律责任	不知情前无责任，知情后可以继续使用但支付合理使用费	不知情，但能证明合法来源的，不承担赔偿责任
权利的限制	合理使用，可以不经允许，不付报酬	合理使用，可以不经许可，不付报酬	权利用尽等四种情形不视为侵犯专利权
强制性许可	没有规定	可以	可以

从表7-3可以看出，布图设计专有权与著作权相比更具有工业实用性，这是一般著作权作品不具有的，同时其独创性又是一般专利产品不具有的，而且又允许反向工程，具有其自身特征。从保护期限看，也仅有10年，且创作完成15年后将不受保护，符合其技术更新较快的特点。特别值得指出的是，《集成电路布图设计保护条例》允许"平行进口"。

根据《集成电路布图设计保护条例》第二十四条规定，"受保护的布图设计……由布图设计权利人或者经其许可投放市场后，他人再次商业利用的，可以不经布图设计权利人许可，并不向其支付报酬。"而按照条例第二条规定，商业利用是指"为商业目的的进口、销售或者以其他方式提供受保护的布图设计……的行为"。从而，按照条例的规定，只要布图设计合法投放市场后，权利在全世界用尽，可以不经再次许可而进口、销售等。

■ （3）集成电路布图设计专有权申请实例

布图设计专有权的取得方式通常有以下三种：登记制；有限地使用取得与登记制相结合的方式；自然取得制。下面简单介绍一下集成电路布图设计权申请的完整流程，以供大家在申请时参考借鉴。申请方式分为两种，一种是纸质申请，另一种是电子申请。

① 纸质申请流程 通过纸质申请需要将相关文件寄到国家知识产权局，国家知识产权局的详细地址是：北京市海淀区西土城路6号国家知识产权局专利局受理处，邮编：100088。因国家知识产权局每天会收到各种快递，一定要在信封上注明"集成电路布图设计"字样。

要提交的文件分为两类，一类是必须提交的文件和可能需要提交的文件。必须提交的文件包括集成电路布图设计专有权登记申请表1份（相关表格可登录国家知识产权局网站下载），图样1份，图样的目录1份。可能需要提交的文件包括：布图设计在申请日之前已投入商业利用的，申请登记时应当提交4件样品；申请人委托代理机构的，还应提交集成电路布图设计专有权登记代理委托书。

另外，申请人还可以提交：包含该布图设计图样电子文件的光盘，布图设计的简要说明。

邮寄完所需材料后则等待审查，如果审查没问题会发出受理通知书和缴费通知书，待缴费完成后会下发授权证书。

② 电子申请流程　电子申请流程如下：

a. 首先要成为集成电路电子申请用户，用IE浏览器进入集成电路布图设计电子申请平台，注册用户并登录，见图7-6。

图7-6　登录平台

b. 进入新申请、在线按照提示录入信息，见图7-7。

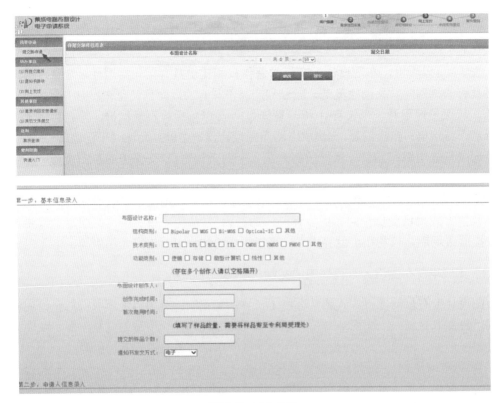

图7-7　录入信息

c. 上传文件并提交，见图7-8。

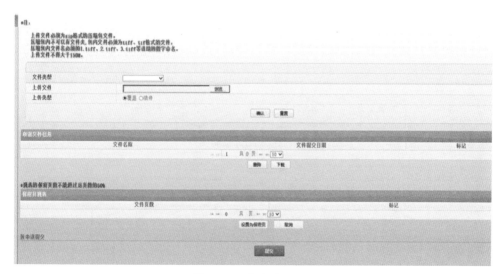

图7-8　上传文件并提交

d. 专利局审查通过后会下发通知书，根据通知缴费，或者根据通知书补充其他事宜，见图7-9。

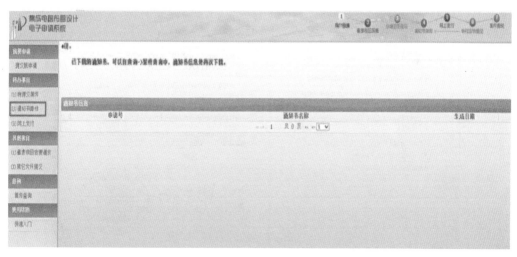

图7-9　查询通知书

电子申请主要就是以上4步，如果下发通知书没有反馈问题，最后就是下发证书的环节。需要注意的是：如果已经有了样品，需要邮寄到国家知识产权局。自提交文件后大约一个半月就能收到受理通知书，缴费成功后大约一个半月收到登记证书，整个周期约为三个月。其中登记费为1000元，印花税为5元。

集成电路布图设计专有权申请流程如图7-10所示，一般来说，申请人提交申请文件后会进行形式审查，如果不合格会让申请人补正，合格后就进入实质审查，如果不合格，申请人有一次补正机会，如果补正不合格将会被驳回，申请人可以申请复审，并进行二次补正。如果合格，就会进行登记公告，成功缴费后会收到登记证书，集成电路布图设计登记证书如图7-11所示。

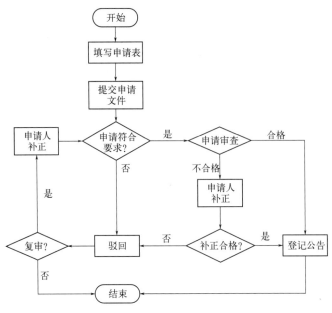

图7-10　集成电路布图设计专有权申请流程

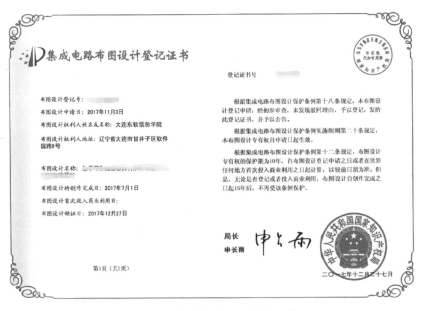

图7-11　集成电路布图设计登记证书

7.2　终身学习——文献与会议

7.2.1　文献

■ （1）文献的定义

依据国家标准《信息与文献　参考文献著录准则》，文献是记录知识的一切载体。无论是记录有知识的纸张、磁带、光盘，还是数据库、网页等，都可以称之为文献。文献的主要功能是传播知识。依据文献传递知识、信息的质和量的不同以及加工层次的不同，人们将文献分为四个等级，分别称为零次文献、一次文献、二次文献和三次文献。

① 零次文献　这是一种特殊形式的情报信息源，主要包括两个方面的内容：一是形成一次文献以前的知识信息，即未经记录，未形成文字材料，是人们的口头交谈，是直接作用于人的感觉器官的非文献型的情报信息；二是未公开于社会即未经正式发表的原始的文献，或没正式出版的各种书刊资料，如书信、手稿、记录、笔记，也包括一些内部使用、通过公开正式的订购途径所不能获得的书刊资料。零次文献一般通过口头交谈、参观展览、参加报告会等途径获取，不仅在内容上有一定的价值，而且能弥补一般公开文献从信息的客观形成到公开传播之间费时甚多的弊病。

② 一次文献　这是人们直接以自己的生产、科研、社会活动等实践经验为依据生产出来的文献，也常被称为原始文献（或称一级文献），其所记载的知识信息比较新颖、具体、详尽。一次文献在整个文献系统中是数量最大、种类最多、使用最广、影响最大的文献，如期刊论文、专利文献、科技报告、会议录、学位论文等。这些文献具有创新性、实用性和学术性等明显特征，是科技查新工作中进行文献对比分析的主要依据。

③ 二次文献　也称二级文献，它是将大量分散、零乱、无序的一次文献进行整理、浓缩、提炼，并按照一定的逻辑顺序和科学体系加以编排存储，使之系统化，以便于检索利用。其主要类型有目录、索引和文摘等。二次文献具有明显的汇集性、系统性和可检索性，它汇集的不是一次文献本身，而是某个特定范围的一次文献线索。它的重要性在于使查找一次文献所花费的时间大大减少。二次文献是查新工作中检索文献所利用的主要工具。

④ 三次文献　也称三级文献，是选用大量有关的文献，经过综合、分析、研究而编写出来的文献。它通常是围绕某个专题，利用二次文献检索搜集大量相关文献，对其内容进行深度加工而成。属于这类文献的有综述、评论、评述、进展、动态等。这些对现有成果加以评论、综述并预测其发展趋势的文献，具有较高的实用价值。

总之，从零次文献、一次文献、二次文献到三次文献，是一个由分散到集中，由无序到有序，由博到精地对知识信息进行不同层次的加工的过程。它们所含信息的质和量是不同的，对于改善人们的知识结构所起到的作用也不同。

零次和一次文献是最基本的信息源，是文献信息检索和利用的主要对象；二次文献是一次文献的集中提炼和有序化，它是文献信息检索的工具；三次文献是把分散的零次文献、一次文献、二次文献，按照专题或知识的门类进行综合分析加工而成的成果，是高度浓缩的文献信息，它既是文献信息检索和利用的对象，又可作为检索文献信息的工具。

■ （2）文献的类型及标识

根据文献的媒体形式的不同，文献可分为期刊、书籍、学位论文、会议论文、科技报告、专利、标准、出版物、产品样本等。根据 GB/T 3792—2021《信息与文献　资源描述》规定，常用文献类型以单字母标识，电子文献以双字母标识。

① 常用文献

a. 期刊论文标识为[J]，是普遍认可被利用的参考文献。

b. 图书专著标识为[M]，提供完整知识背景和理论体系。资料翔实、内容可靠的百科全书、年鉴、字典词典、手册等工具书也属此类。

c. 学位论文标识为[D]，是作者为获得某种学位而撰写的研究报告和论文，具有综述和独创价值。它一般不在刊物上公开发表，通常被学位授予单位、指定收藏单位和相关数据库收录。

d. 会议录标识为[C]，在国内外学术会议上提交和宣读的论文文献，一般探讨研究前沿和研究动态。

e. 科技报告标识为[R]，记录科学技术研究成果或者研究进展的特种文献，大多与政府的研究活动，国防及尖端科技领域有关。课题专深，内容新颖成熟，数据完整，并且注重报道进行中的科研工作。

f. 专利文献标识为[P]，是记载专利申请、审查、批准过程中所产生的各种有关文件的文献资料。可以分为申请说明书和专利说明书两大类。是遵守知识产权，避免重复研究和发明创造的一个文献依据。

g. 标准文献标识为[S]，是与标准化工作有关的一切文献。包括国家标准、国际标准、地区标准、行业标准、标准文件和标准目录等。标准文献由权威机构颁布具有法律效力，是需要遵循的规范准则。

h. 报纸文献标识为[N]，分为综合性报纸和专业报纸，提供时事新闻和行业新闻。

i. 专著、论文集中的析出文献标识为[A]。

j. 其他未说明的文献类型为[Z]。

② 电子文献载体类型

a. 磁带 [MT]（magnetic tape）；

b. 磁盘 [DK]（disk）；

c. 光盘 [CD]（CD-ROM）；

d. 联机网络 [OL]（online）。

电子文献载体类型的参考文献类型标识方法为：[文献类型标识/载体类型标识]。例如：

a. 联机网络数据库 [DB/OL]（data base online）；

b. 磁带数据库 [DB/MT]（data base on magnetic tape）；

c. 光盘数据库 [DB/CD] (database on CD-ROM)；

d. 光盘普通图书 [M/CD]（monograph on CD-ROM）；

e. 磁盘计算机程序 [CP/DK]（computer program on disk）；

f. 联机网络期刊 [J/OL]（serial online）；

g. 联机网络公告 [EB/OL]（electronic bulletin board online）。

文献类型及标识代码如表7-4所示。

表7-4 文献类型及标识代码

常用文献	标识代码	电子文献	标识代码
期刊论文	J	磁带	MT
图书专著	M	磁盘	DK
学位论文	D	光盘	CD
会议录	C	联机网络	OL
科技报告	R		
专利文献	P		

常用文献	标识代码	电子文献	标识代码
标准文献	S		
报纸文献	N		
专著、论文集析出文献	A		
其他文献	Z		

（3）文献检索

当前，人们检索信息最常用的方式可能就是百度搜索和谷歌搜索等搜索引擎。但对文献类检索来说，有一些更加专业的网站可以提供文献检索服务。中文检索如中国知网、万方数据库、维普、超星、百度学术、谷歌学术等。英文检索如IEEE Xplore、SpringerLink、Open Access Library、SCI和EI索引等。

① 中国知网　是中国学术期刊电子杂志社编辑出版的以《中国学术期刊（光盘版）》全文数据库为核心的学术文献平台，目前已经发展成为"CNKI数字图书馆"，如图7-12所示。收录资源包括期刊、博硕士论文、会议论文、报纸、年鉴、工具书、专利、成果、标准等学术与专业资料，覆盖理工、社会科学、电子信息技术、农业、医学、经济管理等广泛学科范围，数据每日更新。其中综合性数据库为中国期刊全文数据库、中国博士学位论文数据库、中国优秀硕士学位论文全文数据库、中国重要报纸全文数据库和中国重要会议论文全文数据库。每个数据库都提供初级检索、高级检索和专业检索三种检索功能，并通过知识网络服务平台（KNS）实现了CNKI系列源数据库的统一跨库检索，用户能够在一个界面下完成以上所有数据库的检索。新平台具有总结与推送功能，将被引频次、下载频次、相关度、来源数据库进行排序分组，保证用户能够更有效地检索所需要的资源。

图7-12　中国知网

② 万方数据知识服务平台　是在原万方数据资源系统的基础上，经过不断改进、创新而成，集高品质信息资源、先进检索算法技术、多元化增值服务、人性化设计等特色于一

身，是国内一流的品质信息资源出版、增值服务平台，如图7-13所示。

图7-13　万方数据

知识平台主要包括中外学术期刊论文、学位论文、中外学术会议论文、标准、专利、科技成果、特种图书等各类信息资源，资源种类全、品质高、更新快，具有广泛的应用价值。提供检索、多维知识浏览等多种人性化的信息揭示方式及知识脉络、查新咨询、论文相似性检测、引用通知等多元化增值服务。

主要包括以下内容：

a. 学位论文：收录了200余万篇学位论文，是国内收录数量最多、年限跨度最长的学位论文库，学科覆盖面广，涉及国内重点高校和中国科学院、工程院、医科院等机构；

b. 学术期刊：7000多种学术期刊，其中含有近2500种核心期刊，更新频率快，按照学科、地区、首字母等方式导航；

c. 学术会议论文：收录级别高，全部为一级会议，是国内收录数量最多，学科覆盖最广的数据库，按月更新，同时收录了中文和西文会议，资源丰富完整；

d. 中外专利：收录了七国两组织（中国、美国、日本、德国、英国、法国、瑞士，欧洲专利局、世界知识产权组织）的专利数据共2900多万项，采用国际通用的IPC分类；

e. 中外标准数据库：收录了中国国家标准（GB）、中国行业标准（HB）以及中外标准题录摘要数据，共计200余万条记录，其中中国国家标准全文数据内容来源于中国标准出版社，中国行业标准全文数据收录了机械、建材、地震、通信标准以及由中国标准出版社授权的部分行业标准；

f. 中国法律法规数据库：由国家信息中心提供，来源权威、专业，涵盖国家法律法规及行政法规、部门规章、司法解释和其他规范文件约42万条，采用国际通用的HTML格式，关注社会发展热点，对把握国家政策有重要参考价值；

g. 中国科技成果库：是科技部指定的新技术、新成果查新数据库，数据准确翔实，按学科、专业、地区分类，方便查找，覆盖范围广泛，目前收录了70余万条；

h. 中国特种图书：主要包括新方志、专业书和工具书，对学习、科研、教学有参考作用；

i. 中国机构数据库：收录了国内外企业机构、科研机构、教育机构、信息机构各类信息约20万条；

j. 科技专家：收录了国内自然科学技术领域的专家名人信息，专家学科领域分布广泛，检索按照学科、地区、院士、职称等自动聚类，方便查找；

k. 外文文献：NSTL外文数据库，资源丰富。

③《中文核心期刊要目总览》 是由北京大学图书馆及北京十几所高校图书馆众多期刊工作者及相关单位专家参加的中文核心期刊评价研究项目成果，已经出版了1992、1996、2000、2004、2008、2011、2014、2017、2020年版共9版，主要是为图书情报部门对中文学术期刊的评估与订购、为读者导读提供参考依据。

《中文核心期刊要目总览》在2008年之前每4年更新研究和编制出版一次，2008年之后，改为每3年更新研究和编制出版一次，每版都会根据当时的实际情况在研制方法上不断调整和完善，以求研究成果能更科学合理地反映客观实际。研究方法是定量和定性相结合的分学科评价方法，核心期刊定量评价采用被摘量(全文、摘要)、被摘率(全文、摘要)、被引量、他引量(期刊、博士论文、会议)、影响因子、他引影响因子、5年影响因子、5年他引影响因子、特征因子、论文影响分值、论文被引指数、互引指数、获奖或被重要检索工具收录、基金论文比(国家级、省部级)、Web下载量、Web下载率等评价指标，在定量评价的基础上，再进行专家定性评审。经过定量筛选和专家定性评审，从我国正式出版的中文期刊中评选出核心期刊。

④ IEEE Xplore（图7-14） IEEE Xplore数字图书馆是一个文献数据库，用于发现和获取计算机科学、电气工程和电子学以及相关领域的期刊文章、会议记录、技术标准和相关材料。所包含材料主要由电气和电子工程师协会（IEEE）和其他合作出版商出版。IEEE Xplore提供对计算机科学、电气工程和电子学及相关领域出版物中500多万份文件的网络访问，还包括300多份同行评议的期刊、1900多个全球会议、11000多个技术标准、近5000本电子书和500多个在线课程。每个月大约增加20000份新文件。可以搜索IEEE Xplore并找到其内容的书目记录和摘要，而访问全文文件可能需要个人或机构订阅。

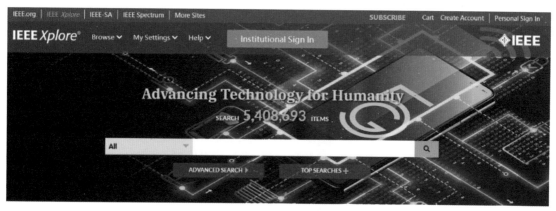

图7-14 IEEE Xplore

⑤ SpringerLink（图7-15） 德国施普林格出版集团（Springer-Verlag）研制开发的一个在线全文电子期刊数据库。该出版集团主要出版图书、期刊、工具书等学术性出版物，通过SpringerLink系统发行电子图书并提供学术期刊的在线服务，为科研人员及科学家提供强有

力的信息中心资源平台。

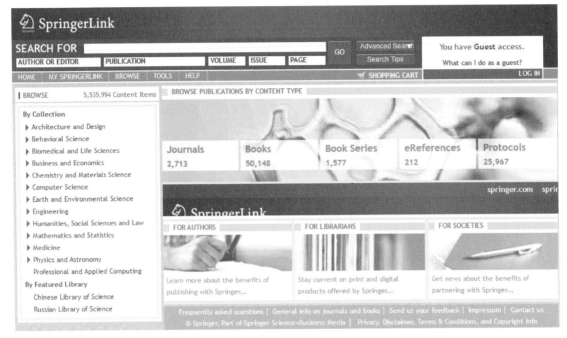

图7-15 SpringerLink

⑥ Open Access Library（图7-16） 一个全新的英文学术期刊论文搜索引擎（开放存取资源图书馆）。其数据库有大约25万篇免费文章，大部分期刊来自世界知名出版商，例如Plos、Hindawi和MDPI等，也有来自全世界各地的学者贡献的文章，涵盖数学、物理、化学、医学、语言学和文学等多个领域。读者无须注册即可免费下载英文学术论文全文。

图7-16 Open Access Library

⑦ SCI和EI索引 Science Citation Index（科学引文索引，简称SCI），创刊于1963年，是由美国人E.加菲尔德创立的美国科学情报研究所（Institute for Scientific Information，ISI）编辑出版的，是一种国际性的、多学科的综合性索引，是全球学术界公认的最权威的科技文献检索工具。SCI-E的全称是SCI-Expanded，是SCI的扩展库，涵盖170多个学科的8700多种主要期刊。主要涉及农业、生物及环境科学，工程技术及应用科学，医学与生命科学，物理学及化学，行为科学等领域。汇集了全球各个学科领域中最重要、最具影响的学术刊物，以确保为科研人员提供最可信赖的高质量的信息。

The Engineering Index（工程索引，简称EI），创刊于1884年，是美国工程信息公司（Engineering information Inc.）出版的著名工程技术类综合性检索工具。EI检索每月出版1期，文摘1.3万～1.4万条；每期附有主题索引与作者索引；每年还另外出版年卷本和年度索引，年度索引还增加了作者单位索引。收录文献几乎涉及工程技术各个领域，例如：动力、电工、电子、自动控制、矿冶、金属工艺、机械制造、管理、土建、水利、教育工程等。EI检索具有综合性强、资料来源广、地理覆盖面广、报道量大、报道质量高、权威性强等特点。

■ （4）JCR分区和中科院分区

目前，我们通常参考的期刊分区有两种：一种是汤森路透公司制定的JCR（Journal Citation Reports）分区(原来是汤森路透，后来易主科睿唯安)，一般简称为"JCR分区"；另一种是中国科学院国家科学图书馆制定的分区，一般简称为"中科院分区"。这两种方式均基于SCI收录期刊的影响因子进行分区。影响因子是什么？为什么要对SCI进行分区？JCR分区和中科院分区又有什么区别呢？下面将对上述问题一一进行讲解。

① 影响因子是什么　影响因子（Impact Factor，IF）是汤森路透（Thomson Reuters）出品的期刊引证报告JCR中的一项数据，即某期刊前两年发表的论文在该报告年份中被引用总次数除以该期刊在这两年内发表的论文总数。

影响因子现已成为国际上通用的期刊评价指标，它不仅是一种测度期刊有用性和显示度的指标，而且也是测度期刊的学术水平，乃至论文质量的重要指标。影响因子是一个相对统计量。通俗地讲，影响因子就是衡量期刊质量和影响力大小的评价指标，一般影响因子越高，期刊越好。

② SCI分区是什么　如前所述，SCI有两种分区方式：JCR分区和中科院分区。这两种分区都是基于SCI收录的期刊影响因子。

科睿唯安每年出版JCR《期刊引证报告》，JCR将收录期刊分为176个不同学科类别，每个学科分类按照期刊的影响因子高低，平均分为Q1、Q2、Q3和Q4四个区：各学科分类中影响因子前25%（含25%）期刊划分为Q1区，前25%～50%（含50%）为Q2区，前50%～75%（含75%）为Q3区，75%之后的为Q4区。这就是JCR分区。

中科院分区是将科睿唯安的《期刊引证报告》中所有期刊分为数学、物理、化学、生物、地学、天文、工程技术、医学、环境科学、农林科学、社会科学、管理科学以及综合性期刊13大类，然后按照各类期刊影响因子分别将每个类别划分为以下4个区：前5%的期刊为1区，6%～20%的期刊为2区，21%～50%的期刊为3区，剩下的就是4区期刊。在中科院分区中，期刊数量呈金字塔状分布。

一般地，JCR中1区的期刊写作"Q1"，中科院1区的期刊写作"1区"，依此类推。另外，JCR是按当期（1年）的IF进行分区，中科院是按刊物前3年IF平均值进行分区。有必要指出的是，尽管两种分区方式都比较权威，但是不同机构对两种分区认可度不同，有的单位甚至还有自己的分区，因此，作者投稿前最好先确认自己单位认可哪个分区，或者究竟是怎么分区的，避免出错。

7.2.2　集成电路相关学术期刊

学术期刊（*Academic Journal*）是一种经过同行评审的期刊，发表在学术期刊上的文章通常涉及特定的学科。学术期刊展示了研究领域的成果，并起到了公示的作用，其内容主要以原创研究、综述文章、书评等形式的文章为主。

与集成电路相关的学术期刊一般可分为器件和设计两个方向，其中器件类的经典和标志性的期刊有 *IEEE Electron Device Letters*、*IEEE Transactions on Electron Devices*、*Applied*

Physics Letters、《半导体学报》等。

设计类的经典和标志性的期刊有 *IEEE Journal of Solid-State Circuits*、*IEEE Transactions on Computer-Aided Design of Integrated Circuits and Systems*、*IEEE Transactions on Circuits and Systems I*、*IEEE Transactions on Circuits and Systems II*、*I IEEE Transactions on Very Large Scale Integration（VLSI）Systems*、*IEEE Transactions on Computer-Aided Design of Integrated Circuits and Systems*、《电子学报》。

另外，还有一些综合类的顶级期刊及其子刊关于集成电路方面的论文都是非常优秀的，如 *Nature*、*Science*、*Nature Nanotechnology*、*Nature Physics*、*Nature Communication*、*Proceedings of the IEEE* 等。

下面对一些典型的期刊进行介绍。

■ （1）*IEEE Electron Device Letters*

IEEE Electron Device Letters 期刊的缩写名为 *IEEE ELECTR DEVICE L*。

IEEE Electron Device Letters 期刊刊登与电子和离子集成电路器件的理论、建模、设计、性能和可靠性有关的原创和重要贡献，涉及绝缘体、金属、有机材料、微等离子体、半导体、量子效应结构、真空器件和新兴材料等在生物电子、生物医学电子、计算、通信、显示、微机电、成像、微处理器、纳米电子、光电子、光伏、功率集成电路和微传感器等方面的应用。

■ （2）*IEEE transactions on electron devices*

IEEE transactions on electron devices 期刊的缩写名为 *IEEE T ELECTRON DEV*。

IEEE transactions on electron devices 期刊主要发表与电子和离子集成电路的器件和互连的理论、建模、设计、性能和可靠性相关的原创和重大贡献，涉及绝缘体、金属、有机材料、微等离子体、半导体、量子效应结构、真空器件以及在生物电子、生物医学电子、计算、通信、显示、微机电、成像、微制动器、纳米电子学、光电子、光伏、功率集成电路和微传感器中应用的新兴材料。期刊还出版关于这些主题的辅导性和评论性论文，偶尔的特刊还会发表针对特定领域的更深入和更广泛的系列论文。

■ （3）*Applied physics letters*

Applied physics letters 期刊的缩写名为 *APPL PHYS LETT*。

Applied physics letters 期刊涵盖了物理科学的所有领域，反映了应用物理学中最重要的主题，包括：光学和光电子学，表面和界面结构，机械，光学，先进材料的热力学特性，半导体，磁学，自旋电子学，超导和超导电子学，电介质，铁电体和多铁电体，纳米科学和技术，有机电子学和光电子学，生物材料，软物质，能量转换和存储等。

■ （4）《半导体学报》

《半导体学报》是中国电子学会和中国科学院半导体研究所主办的学术刊物。它报道半导体物理学、半导体科学技术和相关科学技术领域内最新的科研成果和技术进展，内容包括半导体超晶格和微结构物理，半导体材料物理，包含量子点和量子线等材料在内的新型半导体材料的生长及性质测试，半导体器件物理，新型半导体器件，集成电路的 CAD 设计和研制、新工艺，半导体光电子器件和光电集成，与半导体器件相关的薄膜生长工艺、性质和应用等。本刊与物理类期刊和电子类期刊不同，是以半导体和相关材料为中心的，从物理、材料、器件到应用的，从研究到技术开发的，跨越物理和信息两个学科的综合性学术刊物。《半导体学报》发表中、英文稿件。

■ （5）*IEEE Journal of Solid-State Circuits*

IEEE Journal of Solid-State Circuits 期刊的缩写名为 *IEEE J SOLID-ST CIRC*。

IEEE Journal of Solid-State Circuits 期刊每月在固态电路的广泛领域发表论文，特别强调集成电路的晶体管级设计。还涵盖了电路建模、技术、系统设计、布局和与IC设计直接相关的测试等主题。主要关注集成电路和超大规模集成电路（VLSI），与离散电路设计相关的材料很少发表，强烈鼓励进行实验验证。

■ （6）*IEEE Transactions on Computer-Aided Design of Integrated Circuits and Systems*

IEEE Transactions on Computer-Aided Design of Integrated Circuits and Systems 期刊的缩写名为 *IEEE T COMPUT AID D*。

IEEE Transactions on Computer-Aided Design of Integrated Circuits and Systems 期刊主要发表由模拟、数字、混合信号、光学或微波组件组成的集成电路和系统的计算机辅助设计领域的论文。在系统层上主要包括方法、模型、算法和人机交互界面，在物理层和逻辑层设计主要包括规划、综合、分区、建模、仿真、布局、验证、测试、硬件软件联合设计和所有复杂集成电路和系统设计的文档。评估和设计集成电路和系统的性能、功率、可靠性、可测试性和安全性等指标的设计工具和技术是期刊关注的重点。

■ （7）*IEEE Transactions on Circuits and Systems*

IEEE Transactions on Circuits and Systems 期刊共有两种，分别是 *IEEE Transactions on Circuits and Systems Ⅰ-Regular Papers* 和 *IEEE Transactions on Circuits and Systems Ⅱ-Express Briefs*。其中，*IEEE Transactions on Circuits and Systems Ⅰ-Regular Papers* 期刊的缩写名为 *IEEE T CIRCUITS-Ⅰ*。

IEEE Transactions on Circuits and Systems Ⅰ-Regular Papers 期刊主要发表常规论文，*IEEE Transactions on Circuits and Systems Ⅱ-Express Briefs* 期刊主要发表简短论文。范围包含电路理论、分析、设计和实际实现领域的论文，以及电路技术在系统和信号处理中应用的论文，涵盖从基础科学理论到工业应用的整个范围。所感兴趣的领域主要包括模拟电路，数字电路，混合信号电路和系统，非线性电路和系统，集成传感器，MEMS和片上系统，纳米级电路和系统，光电子电路和系统，电力电子和系统，模数电路和系统软件，电路和系统控制。

■ （8）*IEEE Transactions on Very Large Scale Integration（VLSI）Systems*

IEEE Transactions on Very Large Scale Integration（VLSI）Systems 期刊的缩写名为 *IEEE T VLSI SYST*。

IEEE Transactions on Very Large Scale Integration（VLSI）Systems 期刊涵盖使用VLSI/ULSI技术的微电子系统的设计和实现，需要系统架构、逻辑和电路设计、芯片和晶片制造、封装、测试和系统应用领域的科学家和工程师密切合作。规范、设计和验证的生成必须在所

有抽象级别执行，包括系统、寄存器传输、逻辑、电路、晶体管和工艺级别。论文侧重于微电子系统的新系统集成方面，包括系统设计和分区间交互、逻辑和存储器设计、数字和模拟电路设计、布局综合、CAD工具、芯片和晶片制造、测试和封装以及系统级鉴定。特别感兴趣的主题包括但不限于系统规范、设计和划分，系统级测试，可靠的VLSI/ULSI系统，高性能计算和通信系统，晶片级集成和多芯片模块（MCM），微电子系统中的高速互连，VLSI/ULSI神经网络及其应用，具有FPGA组件的自适应计算系统，混合模拟/数字系统，VLSI/ULSI系统的成本和性能权衡，使用可重构组件的自适应计算。

■ （9） *IEEE Transactions on Computer-Aided Design of Integrated Circuits and Systems*

IEEE Transactions on Computer-Aided Design of Integrated Circuits and Systems 期刊的缩写名为 *IEEE T COMPUT AID D*。

IEEE Transactions on Computer-Aided Design of Integrated Circuits and Systems 期刊主要发表由模拟、数字、混合信号、光学或微波组件组成的集成电路和系统计算机辅助设计领域的论文。在系统层上主要包括方法、模型、算法和人机交互界面，在物理层和逻辑层设计主要包括规划、综合、分区、建模、仿真、布局、验证、测试、硬件软件联合设计和所有复杂集成电路和系统设计的论文。评估和设计集成电路和系统的性能、功率、可靠性、可测试性和安全性等指标的设计工具和技术是期刊关注的重点。

■ （10）《电子学报》

《电子学报》刊登电子与信息科学及相邻领域的原始科研成果。该学报是中文核心期刊，被EI、Scopus、Inspec收录，属于CCF推荐中文科技期刊A类。

该学报的办刊宗旨是反映中国电子与信息科学领域内的新理论、新思想、新技术，具有国内外先进水平的最新研究成果和技术进展，为促进国内外学术交流，促进中国电子与信息科学技术的快速发展服务。

该学报设有学术论文、科研通信、综述评论等栏目。凡以电子与信息科学为主体（交叉学科论文必须侧重电子与信息领域），在理论与应用实践上具有创新的，代表我国研究水平的学术论文，有科学依据和可靠数据的技术报告，阶段性成果报告，以及属于前沿学科，并对学科发展有指导意义的展望评论性文稿，均可向该学报投稿。

7.2.3 集成电路相关学术会议

学术会议是一种以促进科学发展、学术交流、课题研究等学术性话题为主题的会议。学术会议一般具有国际性、权威性、高知识性、高互动性等特点，其参会者一般为科学家、学者、教师等具有高学历的研究人员。由于学术会议是一种交流的、互动的会议，因此参会者往往会将自己的研究成果以学术展板的形式展示出来，使得互动交流更加直观、效果更好。

与集成电路相关的学术会议有很多，这里只列出一些典型的国际会议，主要有：IEEE International Solid-State Circuits Conference, IEEE International Electron Devices Meeting, IEEE Symposia on VLSI Technology and Circuits, European Solid-State Circuit Conference, IEEE Asian Solid-State Circuits Conference，Hot Chips: A Symposium on High Performance Chips, IEEE International Symposium on Circuits and Systems, IEEE/ACM International Symposium on

Microarchitecture, International Symposium on Computer Architecture, International Symposium on High-Performance Computer Architecture，International Conference on Architectural Support for Programming Languages and Operating Systems, Design Automation Conference, IEEE International Symposium on Power Semiconductor Devices and ICs, IEEE Radio Frequency Integrated Circuits Symposium, IEEE Custom Integrated Circuits Conference, IEEE International Conference on Computer-aided Design, ACM/IEEE International Symposium on Low Power Electronics and Design, Design，Automation and Test in Europe Conference and Exhibition。

下面对一些典型的会议进行介绍。

■ （1）IEEE International Solid-State Circuits Conference

IEEE International Solid-State Circuits Conference，简称：ISSCC，国际固态电路会议。ISSCC始于1953年，是学术界和产业界公认的集成电路设计领域最高级别会议，通常是各个时期国际上最尖端固态电路技术最先发表之地。由于ISSCC在国际学术、产业界受到极大关注，因此被称为"集成电路行业的奥林匹克大会"。每年吸引了超过3000名来自世界各地产业界和学术界的参加者。

在ISSCC 60多年的历史里，众多集成电路历史上里程碑式的发明都是在该会议上首次披露。比如：

- 世界上第一个TTL电路（1962年）；
- 世界上第一个集成模拟放大器电路(1968年)；
- 世界上第一个1kb的DRAM（1970年）；
- 世界上第一个CMOS electronic wristwatch（1971年）；
- 世界上第一个8-bit microprocessor（1974年）；
- 世界上第一个32-bit microprocessor（1981年）；
- 世界上第一个1Mb的DRAM（1984年）；
- 世界上第一个1Gb的DRAM（1995年）；
- 世界上第一个集成 GSM transceiver（1995年）；
- 世界上第一个GHz的微处理器（2002）；
- 世界上第一个多核处理器（2005年）。

我国的集成电路设计近年来发展也较快：

- 2005年实现ISSCC上零的突破（来自常仲元博士，当时的发表单位是杨崇和先生创办的新涛科技和澜起科技）；
- 2006年中国科学院半导体所发表一篇吴南健教授指导的研究生邝小飞的关于PLL的论文；
- 2007年鼎芯在ISSCC上发布全球首颗TD标准手机CMOS射频芯片（有与国外的企业、院校合作）；
- 2008年大陆地区的高校首次在ISSCC上发表论文，是来自清华大学的李宇根教授团队。

■ （2）IEEE International Electron Devices Meeting

IEEE International Electron Devices Meeting，简称：IEDM，国际电子器件会议。IEDM

的历史可追溯到1957年，是世界上报告半导体和电子器件技术、设计、制造、物理和建模领域技术突破的杰出论坛。主题包括从深亚微米CMOS晶体管和存储器到新型显示器和成像器，从复合半导体材料到纳米技术设备和架构，从微机械设备到智能电力技术等。

■ （3）IEEE Symposia on VLSI Technology and Circuits

IEEE Symposia on VLSI Technology and Circuits，简称：VLSI，超大规模集成电路研讨会。VLSI的创始人田中昭二教授和沃尔特·科索诺基教授于1981年首次组织了超大规模集成电路技术研讨会，为顶级技术专家提供了一个公开交流的机会。该研讨会每年举行一次，并已发展成为VLSI行业工作人员的重要和有价值的活动。高质量技术论文的介绍使与会者能够了解超大规模集成电路技术发展的新方向。1987年，第一届超大规模集成电路研讨会与超大规模集成技术研讨会同时举行。在过去的30多年中，这两个研讨会为技术工程师和科学家以及电路和系统设计师提供相互交流的机会。在过去的研讨会上引入了许多新技术和新电路，为全球集成电路行业的繁荣作出了贡献。

■ （4）IEEE International Symposium on Circuits and Systems

IEEE International Symposium on Circuits and Systems，简称：ISCAS，电路系统研讨会。ISCAS是IEEE电路与系统学会（Circuits and Systems Society）主办的"旗舰会议"，同时也是CAS下电路与系统领域影响力最大的国际学术会议，是面向电路和系统的理论、设计和实现等领域的研究人员的重要国际会议。

■ （5）IEEE Custom Integrated Circuits Conference

IEEE Custom Integrated Circuits Conference，简称：CICC，集成电路会议。CICC是IC设计领域世界顶级会议之一，由IEEE固态电路协会主办，从1988年开始每年举办一次。会议内容涉及模拟电路设计、生物医学、传感器、显示器和MEMS，数字和混合信号SOC/ASIC/SIP，嵌入式存储器件，制造，功耗管理，可编程器件，仿真建模，测试、表征、调试和可靠性，有线通信以及无线设计等方面，重点讨论如何解决集成电路设计问题的方法，以提高芯片各项性能指标。

7.3　恪守行规——遵守职业道德规范

工程师职业道德是指工程师在职业活动中应遵守的，体现工程师职业特征的，调整工程师职业关系的职业行为准则和规范。一般来说，工程师应遵守如下道德行为准则：

① 要以国家现行法律、法规和行业规章制度规范个人行为，承担自身行为的责任。

② 应在自身能力和专业领域内提供服务并明示其具有的资格。

③ 依靠职业表现和服务水准，维护职业尊严和自身名誉。

④ 处理职业关系不应有种族、宗教、性别、年龄、国籍或残疾等歧视与偏见。

⑤ 在为组织或用户承办业务时要忠于代理人或委托人。

⑥ 诚信对待同事或专业人士。

工程师职业道德是工程师素质的重要体现。一个高素质的工程师应当做到爱岗敬业、遵纪守法、诚实守信，在处理工程问题时，勇于坚持原则、不接受任何形式的贿赂，坚持"社会与公众利益高于一切"的原则，不断提高专业技能，为社会的繁荣和进步做出应有的贡献。

7.3.1　电气与电子工程师协会职业道德规范

① 在做出工程决定时，要把维护公众的安全、健康和福利作为自己的责任，主动揭发可能对公众或者环境造成危害的因素。

② 在可能的情况下，避免危害公众利益或可能危害公众利益的行为发生，一旦发现此类行为，通报被影响的部门。

③ 在根据现有数据进行分析和评估时，必须做到诚实和实事求是。

④ 拒绝所有形式的贿赂。

⑤ 提高对技术、技术的应用和其潜在后果的认识。

⑥ 保持和不断提高自身的技术水平，只在自身能力和经验允许的范围内，或在向对方完全公开自己技术的局限性之后，才能承担技术任务。

⑦ 对技术成果，寻求、接受和提供诚实的评判，承认并修改其中的错误，适当评价他人的贡献。

⑧ 公平对待所有的人，无论其种族、宗教信仰、性别、年龄、国籍或是否有残疾。

⑨ 不使用虚假或恶意的手段伤害他人，及其他人的财产、名誉、及职业。

⑩ 主动帮助同事推进其职业发展，支持他们遵守上述职业道德。

7.3.2　工程师职业道德案例一：允许不良芯片流入市场

■　（1）案例介绍

Shane是生产线上进行品质控制的工程师，他的主要任务是检查芯片的质量是否合格。目前，生产线上平均每150颗芯片就有一颗不良品，对于这些不良芯片有两种处理方法：一是对不良芯片进行修理，二是把所有的不良芯片全部扔掉。Shane的经理Rob的意见是采用第二种方法。有一次Rob来到Shane的生产线，对Shane说："有些生产线投资很多资金来修理不良芯片，真不知他们是怎么想的？我们费那么大的劲儿，每颗芯片也才仅仅赚25美分！如果每颗不良芯片我们还要额外花费2美元去修理的话，那简直就是浪费。我们的生产线决不允许这种浪费。"第二天下午，Rob抱怨Shane的生产线扔掉太多的芯片，他说："150颗芯片就有一颗不良品，不良率太高了！这对公司来说是巨大的损失。我看干脆所有芯片都不用检测而直接出厂，这对公司来说会有更大的好处。"Shane问："那些不良的芯片怎么办？如果客户抱怨怎么办？"Rob回答说："客户肯定会抱怨的，但那并不是我们所要关心的问题。我们公司有售后服务部门会处理客户的抱怨。"Rob进一步估算，如果允许不良芯片流入市场，将会为公司创造416000美元的利润。

相关的实际情况：

· 生产线每年生产100000颗芯片；
· 所有芯片都能卖出；
· 每颗芯片的生产成本是9美元；

· 对每颗芯片进行测试花费4美元；

· 经测试后销售的每颗芯片的利润是0.25美元（销售价13.25-9-4 = 0.25美元）；

· 对每颗不良芯片进行修理（包括人力费用和材料费用）花费2美元；

· 对已修理的芯片还必须重新进行测试，将花费4美元。

■ （2）案例问题及解答

① 如果Xanthum公司从Shane的生产线订购15000颗芯片，那么这批芯片的百分之多少可能是不良品？

不良品的概率是1/150，大约是0.67%。

② 分别从客户和厂商的角度考虑这个不良率是否可以接受，为什么？

这个问题既不正确也不错误，只是想引导大家思考后面提出的道德规范问题。

③ 如果Shane的生产线每年生产100000颗芯片，那么在以下三种条件下的芯片利润将是多少？

a. 测试并且维修所有不良芯片；

修理费用：667颗不良芯片×2美元修理费用=1334美元

已修理芯片的利润：667颗不良芯片×（-1.75美元负利润）=-1167.25美元

好芯片的利润：(100000-667)×0.25=24833.25美元

净利润：24833.25-1167.25=23666美元

b. 测试所有芯片，并且扔掉所有不良芯片；

丢弃不良品花费：0

丢弃芯片的利润：667颗不良芯片×（9+4-0.25）=-8504.25美元

好芯片的利润：(100000-667)×0.25=24833.25美元

净利润：24833.25-8504.25=16329美元

c. 不对芯片进行测试，如果客户将不良芯片返回，则为其更换。

客户返回芯片的数量不同，那么答案也会有所不同。

最好的情况（没有返回芯片），没有测试任何一颗芯片：100000×4.25=425000美元

最坏的情况（返回所有不良芯片）：

100000-667（返回不良品）=99333颗（好芯片的数量）

令客户满意的产品所产生的利润：99333×4.25=422165.25美元

667颗返回芯片的成本：667×9=6003美元

净利润：422165.25-6003=416162.25美元

④ Rod的估算合理吗？ Rod认为不进行测试而直接出厂，所有芯片将会使成本更低的看法正确吗？

应该很容易就得出答案。Rob的计算是建立在没有芯片返回这个不可能的假设基础之上的。因为这一点，他对利润的估计太高。另外，Rob最开始提倡将芯片丢掉，也是错误的。如果采取修理不良芯片的办法，则会获得更大的利润。

■ （3）职业道德规范的问题

① 在Rob推荐的方法中涉及哪些职业道德方面的问题？

以上陈述所涉及的问题包括：第一是欺骗公众，因为公众所购买的芯片的质量无法得到保证。第二个所涉及的问题可能是公众安全问题，例如，客户购买的芯片如果用于导弹或者飞机的导航系统等关键的地方，那后果可想而知。

② 经过以上的计算，你认为Rob建议的做法是否可以接受？

这个答案可以根据作答者的假设而定。如果作答者把问题设想成为安全问题，那么很显然Rob所提的做法是不能接受的。如果只是从一个经理或一个工程师的角度来考虑这个决定是否正确的话，作答者可能会说："这个问题也可以不看成安全问题。那么如果不危及公众安全的话，虽然Rob所提的做法从管理角度来讲是一个下策，但这是一个有利于提高利润的提议。"然而，如果假设这里涉及公众安全问题的话，那么该工程师的决定就必须遵守工程师职业道德规范的要求，保护公众的安全。

③ 如果Shane有不同的想法，他应怎样向他的上级Rob提出他的想法？

作为一个工程师来讲，Shane有义务做一个忠诚的雇员，但是为了保护公众的安全和支持严格的质量标准，Shane需要找出一种折中的办法来尽到他的职责。Shane可以向Rob提出自己的以下想法：第一，Rob对所有芯片不经测试而直接出厂所得利润的预测是在假设客户没有返回芯片的这种最好的情况下做出的，而这种最好的情况是不可能的，所以实际的利润应该比预测的要少。特别是利润中还包括一些返回不良芯片的损失，例如，人工费用、包装费用以及名誉损失的折合费用等。第二，修理不良芯片同扔掉不良芯片相比较，不但可以将损失减少到最小，而且生产线仍然可以盈利，并且保证了公司的质量信誉，进而能够帮助提升整个企业的品牌价值。因此，对于工程师来说，一个创造性的折中的办法就是向老板建议修理全部不良芯片，并且提出计算过程，以证实建议的正确性。这种办法既解决了生产线的效益问题，使生产线得到合理的利润，又在公司内部建立了一个很好的保证产品质量的传统。

7.3.3　工程师职业道德案例二：电视台可靠性问题

■ （1）案例介绍

对于任何系统的设计来说，关键的问题之一就是要保证系统在任何情况下都能正常运行，这一点对于那些有许多子系统和设计约束的系统来说特别重要。对于那些由子系统构成的系统来说，首先必须保证每一个子系统都能正常工作，然后整个系统才能正常运行。因此可以根据子系统的可靠性来定义系统的可靠性。

假设工程师Doe想要开设一个小电视台，并称之为DOETV。Doe可以买一套新的系统，也可以用子系统组合成一个电视台系统。如果用子系统组合，需要用五个主要的具有不同可靠性的子系统，这五个子系统必须串联在一起，整个系统才能正常运行。Doe的电视台周围大约有10万居民，他计划该电视台的居民覆盖率达到80%，这就要求整个电视台系统的可靠性必须大于等于0.4。Doe已经向他的广告客户许诺：广告的收视率将达到电视台所覆盖区域电视观众的80%，甚至更多。因此，他的广告客户们也就根据Doe所提供的信息来计划他们产品的市场份额。

■ （2）案例问题及解答

① 假设五个新的子系统的可靠性分别为0.85，0.88，0.90，0.95，0.98，那么计算整个

系统的可靠性。

这个可靠性能够满足目标观众数量的需要吗?

用 R_1 表示子系统1的可靠性,R_2 表示子系统2的可靠性,以此类推,R_k 表示子系统 k 的可靠性。对于所有的子系统都串联的情况,必须要求所有的子系统都正常工作,整个系统才能运行。所以整个系统的可靠性 R_s 等于所有子系统可靠性的乘积:

$$R_s = \prod_{k=1}^{n} R_k = R_1 R_2 R_3 R_4 \cdots R_n$$

因此,计算如下:

$R_s = 0.85 \times 0.88 \times 0.90 \times 0.95 \times 0.98 \approx 0.627 \approx 0.63$

这个可靠性满足目标观众对可靠性的要求(大于等于0.4)。

② 假设整个系统的可靠性增加0.1将花费大约1000万美元,那么对于问题①所给全新子系统所构成系统的可靠性将会花费多少美元?

因为总的可靠性每增加0.1,将花费1000万美元,因此,对于计算的可靠性0.63来说将要花费:

0.63/0.1×10000000=63000000美元

③ Doe意识到如果用旧的子系统将会节省很多钱,但旧的子系统可靠性较低。

a. 如果所用旧的子系统的可靠性分别为:0.65,0.70,0.75,0.80和0.85,那么用旧的子系统将会节省多少钱?整个系统可靠性价格评估按问题②。

b. 按照本案例所述情况,这个可靠性能够达到要求吗?

$R_s = 0.65 \times 0.70 \times 0.75 \times 0.80 \times 0.85 = 0.232$ 或 0.23

用旧的子系统共花费:0.23/0.1×10000000 = 23000000美元

用旧的子系统将会节省:63000000−23000000=40000000美元

整个系统稳定性要求是0.4,而此系统的稳定性只有0.23,比要求的稳定性低得多。

④ 假设Doe决定增加整个电视台的可靠性,采用两个系统并联的形式,其中两个系统的可靠性都和问题③所述系统的可靠性相同。

a. 此系统比问题③所述系统的可靠性增加多少?

Doe所用的并行结构,整个系统的可靠性计算公式为:$R_p = 1 - (1 - R_k)^n$,因此

$R_p = 1 - (1 - 0.23)^2 = 1 - (0.77)^2 \approx 0.41$

那么可靠性的增加计算如下:$R_i = 0.41 - 0.23 = 0.18$

b. 应用问题②所述的计算成本的方法,计算此系统的可靠性花费是多少。

总可靠性花费:$R_p = 0.41/0.1 \times 10000000 = 41000000$美元

c. 整个系统的可靠性满足计划的目标观众的要求吗?

此系统满足了可靠性的要求。

■ (3)职业道德规范的问题及解答

问题:

① Doe向他的广告客户承诺他的电视台的目标观众将达到所覆盖区域居民的80%,甚至更多。然而,如果他采用旧的子系统组合而成的系统的话,就不能满足这一要求。要达到目标观众占所覆盖区域居民的80%,要求系统的稳定性必须大于等于0.4,但如果采用以上问

题③所述的系统，其可靠性低于这一要求。因此，如果这样，Doe对他的广告客户来讲，是不诚实的。Doe为了达到他对广告客户的承诺，应该做什么？

② 假设美国联邦通信委员会发给Doe电视台许可证，分配给他的电视频率范围所覆盖的区域有居民大约10万，并且在这个频段没有其他的电视台，公众依赖DOETV提供信息。如果Doe不履行他的责任，使电视台的可靠性达不到要求的话，那么电视台不仅使公众感到失望，而且剥夺了公众获得必要信息的权利。在这里，Doe是否违反了相关的职业道德规范？

注意：有些案例包含的问题是很难解决的，但道德规范问题却非常简单。我们很容易就能判断一个行为是正确还是错误的，案例中所提出的大部分道德规范的问题都属于这种类型。所以绝大多数道德规范问题解决起来并不困难。

然而，在这个案例中，对于职业道德问题并没有最好的解决办法。也就是说，不可能做到两全其美。这个案例提出的几个职业道德问题的回答如下：

① Doe想要省钱，但他对他的广告客户和他的电视台所服务的公众来说负有一定的责任。他不应该用旧设备，而应该买新设备。如果他买不起新设备，他应该考虑卖掉电视台，或者通过卖公司的股票来筹集资金。

② IEEE职业道德规范要求其成员："在做出工程决定时，要把维护公众的安全、健康和福利作为自己的责任，主动揭发可能对公众或者环境造成危害的因素。"如果Doe采用了旧的子系统作为电视台的设备，那么他就不可能维护公众的福利，因为旧子系统所构成的设备无法为所有观众的福利服务。

③ IEEE职业道德规范还要求其成员："在可能的情况下，避免危害公众利益或可能危害公众利益的行为发生。一旦发现此类行为，通报被影响的部门。"采用旧子系统作为电视台的设备，将与观众和广告客户的利益发生冲突，Doe应该通知受影响的观众和他的广告客户。

④ 美国全国职业工程师协会（National Society of Professional Engineers，NSPE）是一个职业组织，所有注册的职业工程师都属于这个组织。NSPE工程师职业道德要求工程师："应该避免所有的违背职业诚信和欺骗公众的行为。"如果Doe是这个组织的成员，他的行为既违背了工程师的职业诚信又欺骗了公众，因此，他的行为也违反了NSPE职业道德规范。

参考文献

[1] 国家知识产权局官网[EB/OL]. https://www.cnipa.gov.cn/index.html.

[2] 中国版权保护中心官网[EB/OL]. http://www.ccopyright.com.cn/.

[3] 电气与电子工程师协会官网[EB/OL]. https://www.ieee.org/.

习题

1. 专利的种类有哪些，各自的特点是什么？

2. 专利申请的一般流程是什么？

3. 发明专利和实用新型专利的审批程序有何异同？

4. 集成电路布图设计权有哪两种申请方式？

5. 请调研国际专利的申请流程。

6. 请简述不同文献在内容和时效性方面的区别。

7. 除本章内容外，请列举3个以上免费的文献检索工具。

8. 通过中国知网和万方数据库分别检索3～5篇文献。

9. 请通过Open Access Library检索3～5篇英文文献。

10. 请通过网络资源查找并了解《中文核心期刊要目总览》。

11. 职业道德规范与国家法律间的关系是怎样的？

12. 请简述电气与电子工程师协会职业道德规范。

13. 请简述软件工程师职业道德规范。

14. 参照本章"允许不良芯片流入市场"等案例，针对某一事件写出一个完整的案例，不少于800字。在没有条件拿到第一手资料的情况下，要尽量做到实事求是、尊重事实、公平公正。

15. 请通过网络资源查找并通读《中华人民共和国著作权法》《中华人民共和国专利法》《计算机软件保护条例》《集成电路布图设计保护条例实施细则》。